职业技能培训入门系列

图解数控车工入门

主　编　谷定来
副主编　张友丰　王　军
参　编　马忠良　段志刚　李宏庆

机械工业出版社

您想快速掌握数控车工技能吗？您想知道轴、套、沟槽、螺纹、成形面是怎样车削出来的吗？本书将带您通过图解的形式轻松认知数控车工知识，掌握数控车工技能。

本书通过工厂生产中的实例，以图解的形式详细介绍了数控车工的基本知识和基本技能，使得枯燥乏味的专业知识变得直观易学，激发读者的学习兴趣，让读者轻松掌握数控车工的相关知识。本书共分八个模块：数控车工必备的基础知识、数控车工认知入门、CKA6150数控车床的操作、轴套类零件加工程序的编制、成形面类零件加工程序的编制、螺纹加工程序的编制、数控车削编程与操作入门实训、检验学习效果的几个零件。在附录中提供了数控车削的一些练习题及参考答案。

本书非常适合数控车工自学，还可作为技工学校和职业技术学校的实习教材，同时还可供相关专业的工程技术人员和管理人员参考。

图书在版编目（CIP）数据

图解数控车工入门/谷定来主编. —北京：机械工业出版社，2020.9

（职业技能培训入门系列）

ISBN 978-7-111-66331-7

Ⅰ.①图… Ⅱ.①谷… Ⅲ.①数控机床-车床-车削-图解 Ⅳ.①TG519.1-64

中国版本图书馆CIP数据核字（2020）第151916号

机械工业出版社（北京市百万庄大街22号　邮政编码100037）

策划编辑：何月秋　责任编辑：何月秋　贺　怡

责任校对：李　杉　封面设计：马精明

责任印制：郜　敏

北京圣夫亚美印刷有限公司印刷

2020年11月第1版第1次印刷

169mm×239mm·12.75印张·246千字

0001—2500册

标准书号：ISBN 978-7-111-66331-7

定价：49.00元

电话服务

客服电话：010-88361066
010-88379833
010-68326294

封底无防伪标均为盗版

网络服务

机　工　官　网：www.cmpbook.com

机　工　官　博：weibo.com/cmp1952

金　书　网：www.golden-book.com

机工教育服务网：www.cmpedu.com

前　言

普通车床在工业生产中使用已有 200 多年，数控机床的出现至今已有 60 多年的时间。在我国机械制造行业中，数控机床的应用十分广泛，涉及数控机床加工的工种有十几个。

数控加工的理论和实践性都较强，与实际生产联系密切。初学者往往不知如何着手学习，对数控加工感到好奇又神秘。其实，要想成为一名合格的数控车床操作工，首先应该是一名合格的普通车床操作工，需要掌握一些相关课程的内容，如极限与配合、机械制图、金属材料与热处理、车工工艺学等，能熟练使用各种工具和量具，尤其要掌握普通车床的加工工艺知识及操作技能。加强理论与实践结合，积极参加相关的实践活动，既能丰富所学的知识，又能通过实践对所学的知识进行验证，培养独立工作的能力。

许多人只是粗略地知道数控车削，对数控车削能加工的内容知之甚少，这与数控车削在制造业的地位不相称。鉴于此，我们从普及科学常识、提高一点数控车工知名度的角度出发，依据我国制造业的现状及用工单位的实际需求编写了这本通俗易懂的《图解数控车工入门》，本书采用工厂数控车削生产的实例，通过图解的形式，突出讲解相关实用的基本理论和基本技能。全书共分八个模块，内容包括数控车工必备的基础知识、数控车工认知入门、CKA6150 数控车床的操作、轴套类零件加工程序的编制、成形面类零件加工程序的编制、螺纹加工程序的编制、数控车削编程与操作入门实训、检验学习效果的几个零件，书中的各种操作方法让人一看就明白。

本书由锦西工业学校谷定来任主编，其中模块 3、模块 5、模块 8 由张友丰、王军编写，其余各模块由谷定来主要编写。马忠良、段志刚、李宏庆参与了部分编写工作。在编写过程中，各位老师、有关工厂的领导及师傅们给予了大力的支持和热情的帮助，在此一并表示衷心的感谢。

如果您通过本书了解并掌握了一些数控车工的知识和技能，那我们就会非常欣慰，这也正是编写本书的初衷。

编者

目 录

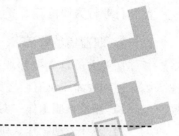

模块 1

数控车工必备的基础知识

阐述说明

　　数控车削是数控加工中应用最广泛、最基本的加工方法之一。作为一名数控车工，要具有良好的职业道德和高超的操作技能，并熟知安全操作知识。能保证在工作过程中做到"三不"，不伤害自己、不伤害他人、不被他人伤害。数控车工主要从事回转体工件的加工（车削零件外圆、圆锥面、端面、内孔、沟槽、螺纹等），需要掌握一定的机械识图知识（看懂图样的尺寸、位置要求）、金属材料知识（依据待加工工件的材质特点，选用相应的刀具并刃磨好车刀，选择切削用量）、极限与配合知识（看懂加工基准、几何公差及尺寸公差，选择相应的装夹及测量方法）；需要掌握数控车床的基本编程指令和刀具补偿，熟悉每一步的运算方式，计算编程尺寸，及时更换程序和调换刀具，熟练使用测量工具（游标卡尺、千分尺、百分表、螺纹规等）检测工件；还需要掌握本工种的基本操作技能（熟练操作机床，分析零件和刀具的材料，选择合适的刀具和加工速度），才能加工出合格的产品。

• 项目 1　职 业 道 德 •

1. 道德

道德是社会意识形态之一，是人们的行为准则和规范。

2. 职业道德

职业道德是道德的一部分，它是指人们在从事某一职业时，应遵循的道德规范和行业行为规范。

3. 职业道德修养

从业人员自觉按照职业道德的基本原则和规范，通过自我约束、教育、磨练，达到较高职业道德境界的过程。职业道德可以从以下几方面培养：

1）热爱本职工作，对工作认真负责。

2）遵守劳动纪律，维护生产秩序。劳动纪律和生产秩序是保证企业生产正常进行的必要条件。必须严格遵守劳动纪律，严格执行工艺流程，使企业生产按预定的计划进行。

劳动纪律和生产秩序包括工作时间、劳动的组织、调度和分配、安全操作规程。必须严格按照产品的技术要求、工艺流程和操作规范进行生产加工。

3）钻研技术，提高业务水平。过硬的业务能力，是做好本职工作的前提。要努力提高自己的技术水平，不能满足于现状。

4）相互尊重，团结协作。加工直径较大的轴、盘、箱体及圆筒零件时，需要车工与起重工、吊车工、热处理工合作，经过多道工序才能完成。每个工段、班组的各个工种要完成相应的工作，才能完成零件的加工。需要各车间、工段、班组、工种之间协调好关系，为相关的工种及工序创造有利条件和环境，达到一种"默契"的配合，如图1-1和图1-2所示。否则会影响产品质量，延长产品的交货期。

图1-1 工件吊运到数控车床上加工

图1-2 在大型卧式数控车床上车削工件

• 项目2 安全防护知识 •

1. 预防为主

车工主要是对回转体零件进行加工，车床主轴的卡盘（卡盘上装夹工件）是高速旋转的，因此要严格按操作规程操作。加工前选择车刀并在刀架上正确装夹，如图1-3所示，检查工件在卡盘上是否正确地定位并夹紧，如图1-4所示。加工过程中会产生各种形状的高温切屑，要采取措施来减少切屑的危害（适当的切削用量、刀具几何角度及润滑条件），如图1-5所示，要观察试车削后工件表面的切削情况，据此修改切削参数，如图1-6和图1-7所示。如果操作者缺乏必要的安全操作知识或者违反操作规程，会引发各种事故，甚至造成设备的损坏和人员伤亡。

图1-3　在大型立式数控车床上装夹刀具

图1-4　检查千斤顶及卡盘的支撑夹紧

图1-5　试车削并观察产生的切屑

图1-6　观察试车削后工件表面的切削情况

2. 个人安全知识

1）无论用普通车床还是用数控车床，车削工件时需穿戴好劳保用品，如安全帽、工作服、眼镜（用砂轮修磨钻头、车刀时要防止切屑或飞溅物损伤眼睛），防止工作过程中出现压伤、划伤、烫伤等。车削加工时禁止戴手套，如图1-8所示。

2）应保证工作场地的通风和照明良好，防止有害粉尘和有毒气体侵入人体，造成危害。

3）车削大型工件时，因部件较重，需要吊车工、起重工配合，作业面积大时还要使用辅助设备（如中心架、跟刀架等）。需要注意自己和同事所在的位置是否安全，加工及吊运（吊钩的位置正确且挂牢）的过程是否有不安全的因素（因为每个车间里都有几组人在同时施工，互相间有干涉），如图1-9和图1-10所示。

图1-7 依据试车削的情况修改切削参数

图1-8 车削操作示例

图1-9 车削大型箱体组焊件的表面

图1-10 用卧式车床车削长轴

4）电是各种设备运行的能源，各种设备应有可靠的保护接零或保护接地，防止发生意外。使用移动照明灯的电源电压要小于36V，灯泡要有专用防护罩，防止灯泡损坏后电极外露引起触电事故。若设备出现故障（机械或电路故障），车工不能擅自处理，应迅速切断车床的总电源，填写故障报告单并逐级报告，如图1-11所示。由维修钳工进行机械部分的维修，如图1-12～图1-15所示。由维修电工进行电路部分故障的排除，如图1-16所示。车工、钳工、电工当场试车，若设备运转正常，则车工在报告单上签字后维修人员方可离开。

图1-11 CAK6140发生线路故障

图1-12 钳工维修CAK6140数控车床

图 1-13 拆下故障零件的刀架

图 1-14 拆下与刀架座相连的蜗杆

图 1-15 钳工安装修理后的蜗杆
（给电工预留好接线）

图 1-16 电工将新电动机装配到刀架座上

● 项目 3 文明生产知识 ●

1）工作场地的周围要保持清洁，需要的物品与暂时不需要的物品要分开。加工件的图样、工艺卡片应放到方便拿取的位置，依据操作者的操作及阅读习惯，可以将图样放在身后，也可放在身体的侧面。总之要遵循安全、简洁、方便加工的原则，如图 1-17 和图 1-18 所示。

2）工、量、夹、刀具的放置要合理，取用方便。

3）开车前检查车床的各部分是否完好，各注油孔是否需要加注润滑油。空转 1~2min，待车床运转正常后才能工作。若运转异样，则要停车报修。

4）正确使用量具，用后擦净、涂油、放入盒中，并定期校验量具。

5）及时更换车刀，避免钝刀影响工件表面的加工质量。精车的工件要做防锈处理。

5

图 1-17 套筒工件图样放
在操作者身后的挂架上

图 1-18 传动轴工件图样放
在操作者侧面的挂架上

6）大批量生产的零件，首件加工完要进行严格的检测，检测合格后才能继续加工。

7）零件毛坯、半成品、产品要分开，对半成品及产品的吊运不要碰伤已加工表面。大型工件摆放到地面的成品区，精密的小型工件要摆放在台面上，工件的下部要垫好胶皮，如图 1-19~图 1-21 所示。

图 1-19 大型箱体摆放到地面的成品区

图 1-20 加工后的小型精密轴瓦摆放在台面上

图 1-21 加工后的小型精密接筒摆放在胶皮上面

8）工作完毕后，关闭电源，松开尾座上的快速紧固扳手，拉动尾座转轮，将尾座拉回导轨的末端。然后把快速扳手锁死（逆时针转动），如图 1-22 和图 1-23所示。清理车床及场地，用毛刷清扫台面上的铁屑，对各注油孔加注润滑油。

图 1-22　松开快速紧固扳手
将尾座拉回导轨的末端

图 1-23　把快速扳手锁死

● 项目4　机械识图知识 ●

1．正投影

（1）正投影的基本知识

1）投影法的概念。投射线通过物体向选定的投影面投射得到图形的方法。所得到的图形称为投影（投影图），得到投影的平面称为投影面。

2）绘制机械图样时采用正投影法（投射线垂直于投影面），所得到的投影即正投影，如图 1-24 所示。

（2）正投影的基本性质

1）显实性。平面（或直线）与投影面平行时，其投影反映实形（或实长）的性质，称为显实性，如图 1-25a 所示。

2）积聚性。平面（或直线）与投影面垂直时，其投影为一条直线（或点）的性

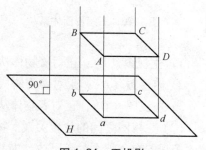

图 1-24　正投影

质，称为积聚性，如图 1-25b 所示。

3）类似性。平面（或直线）与投影面倾斜时，其投影变小（或变短），但投影的形状与原来形状相类似的性质，称为类似性，如图 1-25c 所示。

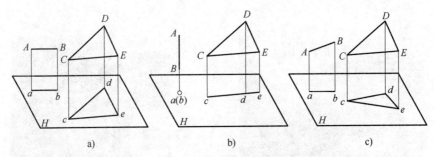

图 1-25　正投影的基本性质

2. 三视图的投影

（1）三视图的形成　物体放在图 1-26 所示的三投影面体系中，向 V、H、W 三个投影面做正投影得到物体的三视图，如图 1-27 所示。物体的正面投影（V）为主视图，水平投影（H）为俯视图，侧面投影（W）为左视图。为了画图方便，需将三投影面展开，如图 1-28a 所示。

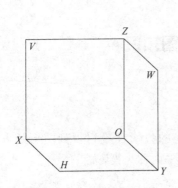

图 1-26　三投影面体系

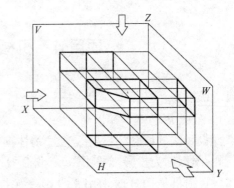

图 1-27　三视图的形成

1）主视图（V）：正对着物体从前向后看，得到的投影。

2）俯视图（H）：正对着物体从上向下看，得到的投影。

3）左视图（W）：正对着物体从左向右看，得到的投影。

（2）三视图之间的位置关系　物体的三视图不是相互孤立的，主视图放置好后，俯视图在主视图的正下方，左视图在主视图的正右方。位置关系如图 1-28b 所示。

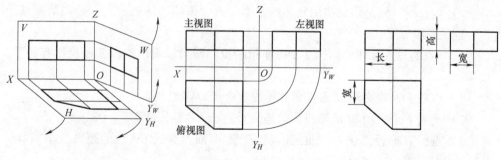

a) 空间三个投影面　　　b) 三面放在同一平面内　　　c) 形体在各面的位置及尺寸

图 1-28　三视图的展开

（3）三视图之间的尺寸关系

1）物体的一面视图只能反映物体两个方向的尺寸，如图 1-28c 所示。

主视图（V 面视图）：反映物体的长和高。

俯视图（H 面视图）：反映物体的长和宽。

左视图（W 面视图）：反映物体的高和宽。

2）三视图之间有以下的"三等"关系：

主视图与俯视图长对正；

主视图与左视图高平齐；

俯视图与左视图宽相等。

物体的投影规律"长对正，高平齐，宽相等"是画图及看图时必须遵守的规律。

3. 点、线、面的投影

（1）点的投影

1）空间点用大写字母表示，如图 1-29a 所示。点 S 在 H、V、W 各投影面上的正投影，分别表示为 s、s'、s''，如图 1-29b 所示。投影面展开后得到如图 1-29c 所示的投影图。

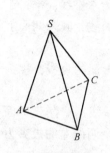

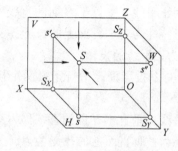

a) 三棱锥轴测图　　　b) S 点在空间的位置　　　c) S 点的三视图

图 1-29　点的投影

9

2）点、线、面是构成空间物体的基本元素，识读物体的视图，必须掌握点、线、面的投影。

（2）点的投影规律 由图1-29c所示的投影图可以看出点的三面投影有如下规律：

1）点的 V 面投影和 H 面投影的连线垂直于 OX 轴，即 $ss' \perp OX$（长对正）。

2）点的 V 面投影和 W 面投影的连线垂直于 OZ 轴，即 $s's'' \perp OZ$（高平齐）。

3）点的 H 面投影到 OX 轴的距离等于其 W 面投影到 OZ 轴的距离，即 $sS_X = OS_{YH} = OS_{YW} = s''S_Z$（宽相等）。

（3）直线的投影 由直线上任意两点的同面投影来确定，如图1-30a所示。线段的两端点 A、B 的三面投影，如图1-30b所示。连接两点的同面投影得到的 ab、$a'b'$、$a''b''$ 就是直线 AB 的三面投影，如图1-30c所示。直线的投影一般仍为直线。

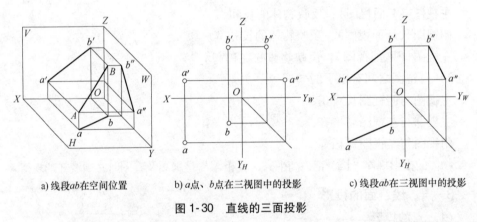

a）线段 ab 在空间位置　　b）a 点、b 点在三视图中的投影　　c）线段 ab 在三视图中的投影

图1-30　直线的三面投影

1）一般位置直线。对三个投影面都倾斜的直线称为一般位置直线。图1-30所示的 AB 就是一般位置直线，其投影特性为：三面投影均是小于实长的斜线。

2）投影面平行线。平行于一个投影面，倾斜两个投影面的直线称为投影面平行线。平行于 V 面的直线称为正平线；平行于 H 面的直线称为水平线；平行于 W 面的直线称为侧平线。其投影特性为：平行面上的投影为实长线，其余两面上的投影为短线，如图1-31所示为正平线的投影。

3）投影面垂直线。垂直于一个投影面，平行于另两个投影面的直线，称为投影面垂直线。

垂直于 V 面的直线称为正垂线；垂直于 H 面的直线称为铅垂线；垂直于 W 面的直线称为侧垂线。其投影特性为：垂直面上的投影为点，其余两面上的投影为实长线，如图1-32所示为铅垂线的投影。

（4）平面的投影 平面的投影仍以点的投影为基础，先求出平面图形上各顶点的投影，然后将平面图形上的各个顶点的同面投影依次连接。如图 1-33 所示，平面图形的投影一般仍然为平面图形。

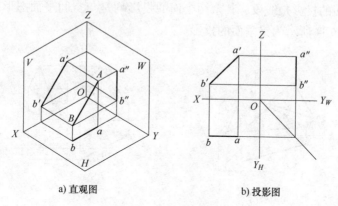

a) 直观图　　　　　　　　　　　　b) 投影图

图 1-31　正平线的投影

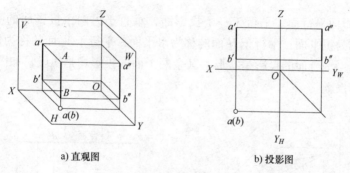

a) 直观图　　　　　　　　　　　　b) 投影图

图 1-32　铅垂线的投影

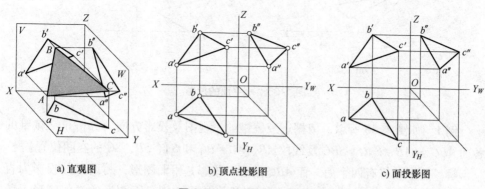

a) 直观图　　　　　b) 顶点投影图　　　　　c) 面投影图

图 1-33　平面图形的投影

1）一般位置平面。对三个投影面都倾斜的平面称为一般位置平面。其投影特性为：三面投影均是与空间平面图形类似的平面图形，如图 1-33c 所示。

2）投影面垂直面。垂直于一个投影面，与另两个投影面倾斜的平面。垂直于 V 面称为正垂面；垂直于 H 面称为铅垂面；垂直于 W 面称为侧垂面。其投影特性为：垂直面的投影是线段，其余两个面的投影均是与空间平面图形类似的平面图形，如图 1-34 所示为铅垂面的投影。

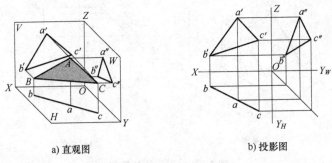

a) 直观图　　　　　　　　b) 投影图

图 1-34　铅垂面的投影

3）投影面平行面。平行于一个投影面，垂直于另两个投影面的平面。平行于 V 面的称为正平面；平行于 H 面的称为水平面；平行于 W 面的称为侧平面。其投影特性为：平行面的投影是实形，其余两个面的投影均是线段，如图 1-35 所示为水平面的投影。

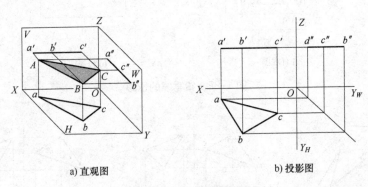

a) 直观图　　　　　　　　b) 投影图

图 1-35　水平面的投影

例1　如图 1-36 所示，依据正三棱锥的三视图及投影方向，分析正三棱锥的各面 ABC、SAB、SAC、SBC 及线段 AB、AC、BC 和 SA、SB、SC 的空间位置。

解　正三棱锥有四个面，面 ABC 的水平投影是平面图形，另两面的投影为直线，所以是水平面。面 SAB、SBC 的三面投影均为空间平面图形的类似图形，所以为一般位置面。面 SAC 的侧面投影是一斜线，另两面的投影是空间平面图形的类似图形，所以为侧垂面。

线段 AB、BC 的水平投影是斜线，正面和侧面投影为直线段，所以为水平线。

线段 *AC* 的水平投影、正面投影为直线段，侧面投影是点，所以为侧垂线。

线段 *SB* 的侧面投影为斜线，正面和水平面投影为直线段，所以是侧平线。（*SB* ∥ *W* 面）

线段 *SA*、*SC* 的三面投影均为斜线所以是一般位置直线。

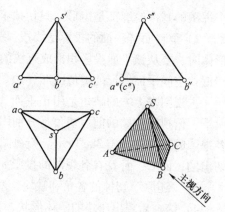

图 1-36　正三棱锥的三视图

4. 组合体三视图的读图方法

（1）形体分析法　将反映形状特征比较明显的视图按线框分成几部分，然后通过投影关系，找到各线框在其他视图中的投影，分析各部分的形状及它们之间的相互位置，最后综合起来想象组合体的整体形状。主要适用于叠加类组合体视图的识读。

例 **2**　轴承座三视图的识读。

识读步骤：图 1-37a→b→c→d→e 所示。

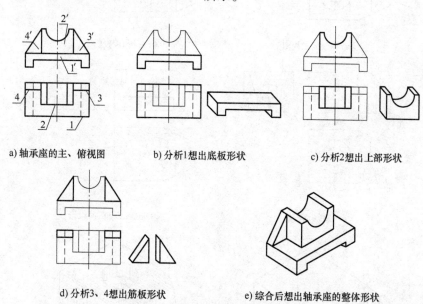

a) 轴承座的主、俯视图　　b) 分析1想出底板形状　　c) 分析2想出上部形状

d) 分析3、4想出筋板形状　　e) 综合后想出轴承座的整体形状

图 1-37　轴承座三视图的识读

（2）线面分析法　运用投影规律，将物体表面分解为线、面等几何要素，通过识别这些要素的空间位置形状，进而想象出物体的形状。适用于切割类组合体视图的识读。

1）首先依据压块的三视图（见图 1-38a）进行"简单化"的形体分析，三个视图的基本轮廓都是矩形（只切掉了几个角），因此它的"原型"是长方体。

2）垂直面（一面的投影是线段，另两面是空间平面图形的类似图形）切割形体时，要从该平面投影积聚成直线的视图开始看起，然后在其他两视图上依据线框找空间平面图形的类似图形（边数相同、形状相似）。

主视图左上方的缺角是用正垂面 A 切出的，该面在各视图的投影如图 1-38b 所示。俯视图左端的前后切角是分别用两个铅垂面切出的，其中一个铅垂面 B 在各视图的投影如图 1-38c 所示。俯视图下方前后缺块，分别是用正平面和水平面切出的，面 C、面 D 在各视图的投影如图 1-38d 所示。

3）"还原"切掉的各角和缺块，A、B、C、D 各切面的情况如图 1-38e 所示。

4）综合后想出压块的整体形状，如图 1-38f 所示。

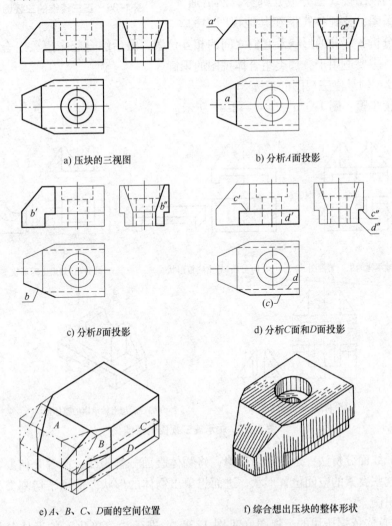

a) 压块的三视图　　　　　　　　　　　b) 分析A面投影

c) 分析B面投影　　　　　　　　　　　d) 分析C面和D面投影

e) A、B、C、D面的空间位置　　　　　f) 综合想出压块的整体形状

图 1-38　压块三视图的识读

5. 剖视图

机件的内部结构复杂，视图中会出现较多虚线，如图 1-39a 所示。为了把机件内部结构表达更清楚，则采用剖视图的方法。

（1）剖视图假想用剖切平面剖开机件，将处在观察者和剖切平面之间的部分移去，如图 1-39b、c 所示。将其余部分向投影面投射所得的图形称为剖视图，简称剖视，如图 1-39d 所示。

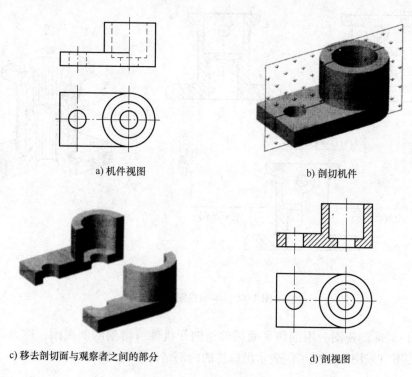

a) 机件视图　　　　　　　　　　b) 剖切机件

c) 移去剖切面与观察者之间的部分　　　　　d) 剖视图

图 1-39　剖视图的形成

（2）剖视图的画法

1）剖切位置适当，剖切平面应尽量多地通过所要表达的内部结构，如孔的中心线或对称平面，且平行于基本投影面（V 面、H 面、W 面）。

2）内外轮廓要画全。剖到的内部结构和剖切平面后面的可见轮廓线要画全。除特殊结构外，剖视图中一般省略虚线投影。

3）剖面符号要画好。剖切平面剖到的实体结构应画上剖面符号。金属材料的剖面符号是与水平方向成 45°且相互平行间隔均匀的细实线。

4）与其相关的其他视图要保持完整。因为剖切是假想的，所以其他视图仍按完整机件绘制。

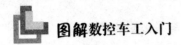

（3）剖视图的种类

1）全剖视图。用剖切面完全剖开机件得到的剖视图称为全剖视图，如图 1-39d 所示。

2）半剖视图。当物体具有对称平面时，在垂直于对称平面的投影面上投射所得的图形，以对称中心线为界，一半画成剖视图，另一半画成视图，这种剖视图称为半剖视图，如图 1-40 所示。

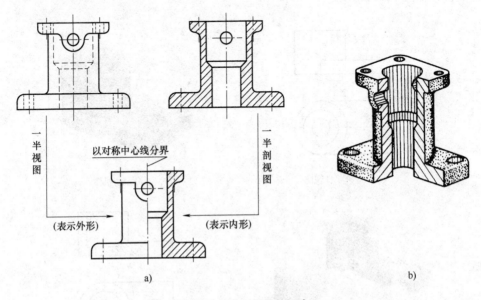

图 1-40　半剖视图的概念

3）局部剖视图。用剖切平面局部地剖开机件所得到的剖视图，称为局部剖视图（不宜采用全剖或半剖表示出机件的内部结构），如图 1-41 所示。

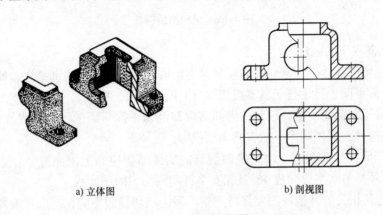

a) 立体图　　　　　　　　　b) 剖视图

图 1-41　局部剖视图

16

（4）剖切方法

1）旋转剖（相交剖面）。用几个相交的剖切平面（交线垂直于某一基本投影面）剖开机件的方法称为旋转剖。画此类剖视图时，应将剖到的结构及其有关部分先旋转到与选定的投影面平行，再投射，如图 1-42 所示。

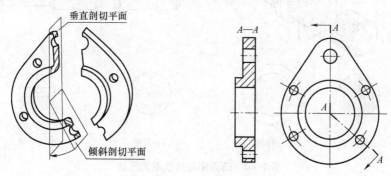

图 1-42　旋转剖

2）阶梯剖（平行剖面）。用几个与基本投影面平行的剖切平面剖开机件的方法称为阶梯剖，如图 1-43 所示（平行于 V 面）。

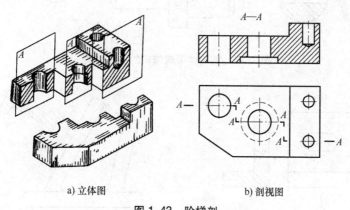

a）立体图　　　　　　　　　b）剖视图

图 1-43　阶梯剖

6. 断面图

假想用剖切面将物体的某处切断，仅画出该剖切面与物体接触部分的图形，称为断面图，简称断面（需要表达机件某处断面形状时），如图 1-44 所示。

1）移出断面。画在视图轮廓之外的断面，如图 1-44 和图 1-45 所示。轮廓线用粗实线绘制，尽量配置在剖切线的延长线上，必要时也可配置在其他适当位置。若剖切平面通过由回转面形成的孔或凹坑的轴线时，这些结构按剖视图绘制，如图 1-45 所示；当剖切平面通过非圆孔时，这些结构按剖视图绘制，如图 1-46 所示。由两个或多个相交的剖切平面剖切得出的移出断面，中间一般应断开，如图 1-47 所示。

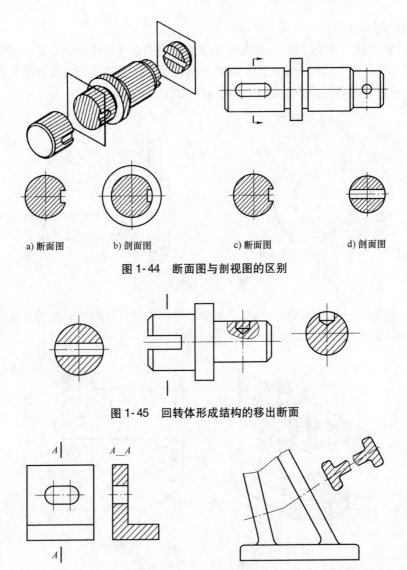

a) 断面图   b) 剖面图   c) 断面图   d) 剖面图

图 1-44   断面图与剖视图的区别

图 1-45   回转体形成结构的移出断面

图 1-46   非圆通孔的断面图   图 1-47   多个面的断面图

    2) 重合断面。画在视图轮廓线内的断面如图 1-48 和图 1-49 所示。重合断面的轮廓线用细实线绘制。当视图中的轮廓线与重合断面的图形重叠时，视图中的轮廓线仍须完整地画出，且不间断，如图 1-50 所示。

7. 局部放大图

    将机件的部分结构用大于原图形所采用的比例（与原图形的比例无关）画出的图形称为局部放大图，如图 1-51 所示。目的是使机件上细小的结构表达清楚，便于绘图时标注尺寸和技术要求。

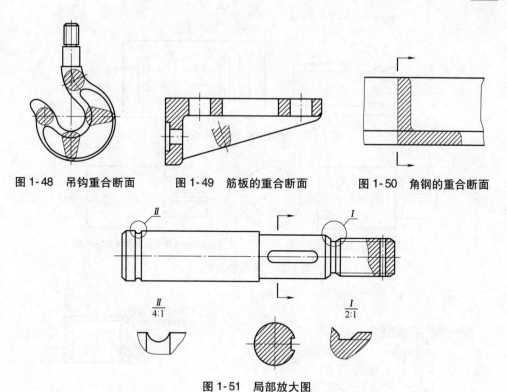

图 1-48　吊钩重合断面　　　图 1-49　筋板的重合断面　　　图 1-50　角钢的重合断面

图 1-51　局部放大图

8. 相同结构的简化画法

1）相同孔的画法，要标明数量及孔的直径，如图 1-52 所示。

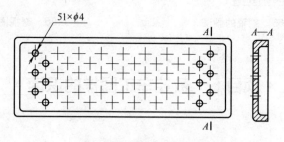

图 1-52　相同孔的画法

2）相同齿或槽结构的画法，要标明数量，如图 1-53 所示。

3）平面的示意画法，是用两条相交的细实线来表示平面，如图 1-54b 所示。

4）肋板、轮辐等结构的画法。当机件上的肋板、轮辐、薄壁等结构纵向剖切时，都不画剖面符号，而且用粗实线将它们与其相邻结构分开，如图 1-55 所示。当零件回转体上均匀分布的肋板、轮辐、孔等结构不在剖切平面上时，可将这些结构旋转到剖切平面上画出，如图 1-56 所示。

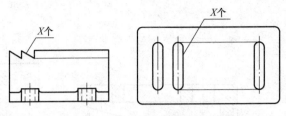

图 1-53　相同齿或槽结构的画法

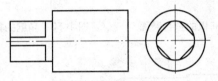
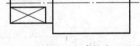

a) 主、左视图表示平面　　　　b) 用两条相交的细实线表示平面

图 1-54　平面的画法

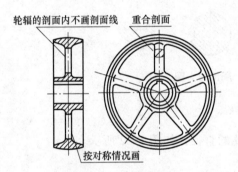

图 1-55　轮辐的画法

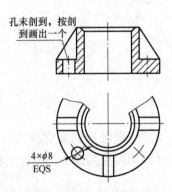

图 1-56　剖视图上的规定画法

●项目5　数控车工图样的识读●

阐述说明

　　零件图是加工产品的依据，图上标有加工件的形状及尺寸，还标有该零件要达到的表面精度，即所说的技术要求。仅仅知道一点机械制图知识是不够的。

　　技术要求内容有表面粗糙度、极限与配合、几何公差、材料的热处理工艺等。有些直接标注在图上，有些写在标题栏的上方。车工需要对图样上零件的形状及位置进行分析和计算，确定加工所需刀具、方法、加工工步等。

1. 识读图样上的几何公差

（1）互换性

1）产品的组成。复杂的机械产品是由大量通用及标准的零部件所组成，如汽车、飞机、机床等。以普通的小汽车为例，全车近 3 万个零件由不同的专业化厂家来制造，品牌生产厂仅生产少量的零部件，这样品牌的生产厂家可减少生产费用、缩短生产周期、满足市场用户需求。

2）完全互换。若零件在装配或更换时不需选择、调整、辅助加工（如钳工修配、磨削、铣削），则这种互换称为完全互换（绝对互换）。完全互换的零件制造公差很小，制造困难，成本很高。

3）不完全互换。将零件的制造公差放大，零件加工后，用测量仪器将零件按实际尺寸的大小分为若干组，使每组零件间实际尺寸的差别减小，装配时按相应的组进行（例如，基本尺寸相同的轴与孔的配合，大孔零件与大轴零件相配，小孔零件与小轴零件相配），仅组内的零件可以互换，组与组之间不能互换，称为不完全互换。

4）互换的条件。机器上零件的尺寸、形状和相互位置不可能加工得绝对准确，只要将零件加工后的各几何参数（尺寸、形状和位置）所产生的误差控制在一定的范围内，就能保证零件的使用功能，实现零件互换。

5）公差。允许零件几何参数的变动量称为公差。它包括尺寸公差、形状公差、位置公差等。公差用来控制加工中的误差，以保证互换性的实现。

（2）几何公差的项目与符号　公差有形状公差、位置公差等，形状公差是对"自己"而言，而位置公差是对"对象"而言（也就是对基准而言）。常见的几何公差的特征项目和符号见表 1-1。

表 1-1　几何公差的特征项目和符号

公差	特征项目	符号	有或无基准要求	公差	特征项目	符号	有或无基准要求
形状	直线度	—	无	方向	平行度	//	有
	平面度	▱	无		垂直度	⊥	有
	圆度	○	无		倾斜度	∠	有
	圆柱度	⌀	无	位置	位置度	⊕	有或无
	线轮廓度	⌒	有或无		同轴（同心）度	◎	有
	面轮廓度	⌓	有或无		对称度	=	有
				跳动	圆跳动	↗	有
					全跳动	⌰	有

（3）图样上常见的技术标注

1）圆度。被测圆柱面或圆锥面在正截面内的实际轮廓偏离其理想形状的程度，其标注及测量方法如图 1-57 所示。

2）圆柱度。被测圆柱面偏离其理想形状的程度。其测量方法与圆度的基本相同，其标注方法如图 1-58 所示。

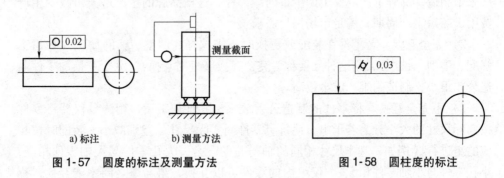

图 1-57　圆度的标注及测量方法　　　　图 1-58　圆柱度的标注

3）同轴度。工件被测轴线相对于理想轴线的偏离程度，其标注及测量方法如图 1-59 所示。

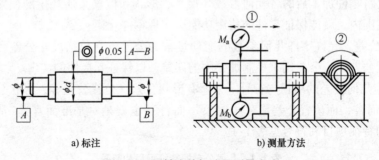

图 1-59　同轴度的标注及测量方法

4）圆跳动。被测圆柱面的任一横截面上或端面的任一直径处，在无轴向移动的情况下，围绕基准轴线回转一周时，沿径向或轴向的跳动程度，其标注及测量方法如图 1-60 所示。

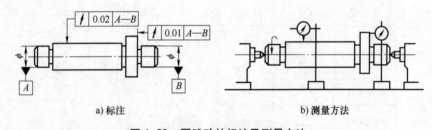

图 1-60　圆跳动的标注及测量方法

5）垂直度。零件上被测的孔的轴线相对于基准孔轴线 A 的垂直程度，其标注及测量方法如图 1-61 所示。

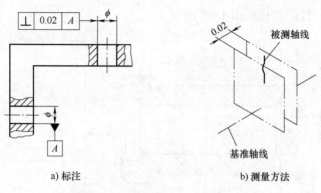

a) 标注　　　　　　　　　　　b) 测量方法

图 1-61　垂直度的标注及测量方法

（4）注意端面圆跳动与垂直度的区别

1）端面圆跳动和端面对轴线的垂直度有一定的联系，端面圆跳动是端面上任一测量直径处的轴向跳动，而垂直度是整个端面的垂直误差，图 1-62a 所示的工件，由于端面为倾斜表面，其端面圆跳动为 Δ，垂直度也为 Δ，两者相等。图 1-62b 所示的工件，端面为一凹面，端面的圆跳动为零，但垂直度却不为零。

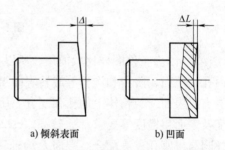

a) 倾斜表面　　　　　　b) 凹面

图 1-62　端面跳动量与垂直度的区别

2）测量端面垂直度时，首先检查其端面圆跳动是否合格，若符合要求再测量端面垂直度。对于精度要求较低的工件，可用 90°角尺进行透光检查，如图 1-63a所示。对于精度要求较高的工件，可按图 1-63b 所示进行测量。将轴支撑于平板上的标准套中，然后用百分表从端面中心点逐渐向边缘移动，百分表指示读数的最大值就是端面对轴线的垂直度。还可将轴安装在自定心卡盘上，再用百分表仿照上述方法测量。

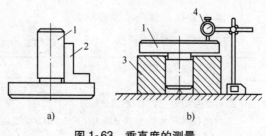

a)　　　　　　　　　b)

图 1-63　垂直度的测量

1—工件　2—90°角尺　3—标准套　4—百分表

2. 识读轴套零件的技术标注

（1）识读及分析轴套图

1）轴套零件的图样如图 1-64 所示。

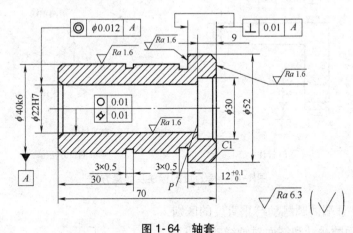

图 1-64　轴套

2）因为工件图样比较简单，所以只用了一个剖视图。该轴套零件是由外圆、内孔、端面、阶台和沟槽等旋转表面组成；内孔用于支撑和导向，外圆是该轴套的支撑表面，与箱体上的孔相配合。用于其主要表面的尺寸精度、形状、位置精度及表面粗糙度等要求都比较高。$\phi22H7$ 内孔与轴间隙配合起支撑作用；$\phi40k6$ 外圆与机座孔过渡配合。端面 P 为轴套在机座上的轴向定位面。

3）该零件的材料是灰口铸铁，由于套类零件需要耐磨，对铸铁坯料还需要进行退火处理。

4）由于零件精度要求较高，故加工过程应划分为粗车→半精车→精车等阶段。

5）图样中各种尺寸标注及代号的含义见表 1-2。

表 1-2　各种尺寸标注与代号的含义

项目	代号	含义	说明
尺寸公差	$12^{+0.1}_{0}$	轴套端面的轴向尺寸控制在 12.1～12mm 为合格	+0.1 称为上偏差，0 称为下偏差，上下偏差限定了轴套的轴向尺寸"12"的变动范围
	$\phi22H7$ （$\phi22^{+0.021}_{0}$）	ϕ 表示直径，22 表示基本尺寸，H 表示孔基本偏差代号、7 表示公差等级为 7 级（查表得出偏差数值）内圆孔的尺寸控制在 $\phi22.021$～$\phi22$mm 为合格	+0.021 称为上偏差，0 称为下偏差，上下偏差限定了内孔尺寸"22"的变动范围

（续）

项目	代号	含义	说明
尺寸公差	$\phi 40k6$ （$\phi 40^{+0.018}_{+0.002}$）	ϕ 表示直径，40 表示基本尺寸，k 表示轴基本偏差代号、6 表示公差等级为 6 级（查表得出偏差数值） 外圆柱面的尺寸控制在 $\phi 40.018$～$\phi 40.002$mm 为合格	+0.018 称为上偏差，+0.002 称为下偏差，上下偏差限定了内孔尺寸"40"的变动范围
	3×0.5（有两处）	中部沟槽、阶台处沟槽的宽度均为 3mm，深度为 0.5mm	—
	70	轴套两端面间的距离为 70mm	—
	30	轴套的左端面到中部沟槽的距离为 30mm	—
	9	轴套的右端面与端面 P 的距离为 9mm	—
位置公差	◎ $\phi 0.012$ | A	两内孔相对于基准轴线的同轴度为 0.012mm	—
	⊥ | 0.01 | A	轴套的两端面相对于基准轴线的垂直度为 0.01mm	—
	○ | 0.01	内孔的圆度为 0.01mm	—
	⌴ | 0.01	内孔的圆柱为 0.01mm	—
表面粗糙度	√ Ra 1.6	表面粗糙度数值为 Ra1.6μm	—
	√ Ra 6.3	表面粗糙度数值为 Ra6.3μm	—
倒角	C1	轴套的内、外倒角	—

（2）分析轴套的车削工艺

1）套类零件的主要表面是内孔和外圆，内孔采用钻孔、扩孔、镗孔、铰孔。

2）选择定位基准。套类零件在加工时的定位基准主要是内孔和外圆，这样容易保证加工后套类零件的形状和位置精度。

3）若以工件的内孔定位时，采用心轴装夹来加工外圆和端面，则这种方法能保证很高的同轴度。

4）若以外圆定位时，采用软爪卡盘装夹，则可避免加工内孔时夹伤工件表面。

5）对于加工数量较少，精度要求较高的工件，在一次装夹中应尽可能将内外圆面和端面全部加工完毕，这样可以获得较高的位置精度。

6）保证表面质量的措施。套的内孔是配合表面也是支撑面，为了在使用过程中减少磨损，对表面粗糙度要求较高。因此在镗孔时，要解决好内孔车刀的刚性和排屑、刃磨好内孔刀的刃倾角、合理地选择切削用量，充分地使用切削液。

（3）确定轴套的加工顺序　根据图样的要求，在加工该轴套零件时应重点保证内外圆面的同轴度和相关端面对轴线的垂直度要求。其车削加工顺序的安排如下：

粗车端面→ 粗车外圆→ 钻孔（扩孔）→钻孔（粗镗孔）→以外圆和内孔为基准→半精车或精车外圆（内孔）→精车端面→倒角。

3. 识读传动轴零件的技术标注

1）传动轴零件的图样如图 1-65 所示。

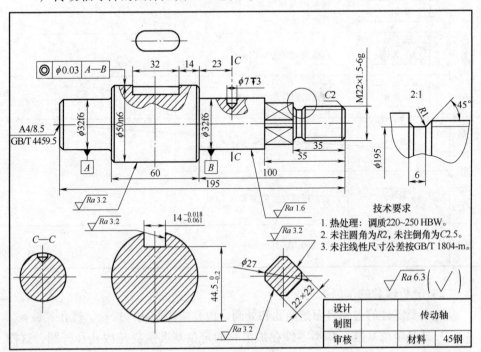

图 1-65　传动轴

2）分析零件的结构，这种阶台轴是各种机器中最常用的一种典型零件，用于支撑齿轮、带轮等传动零件，并传递运动和转矩。它的结构包括圆柱面、阶台、端面、轴肩、螺纹、螺纹退刀槽、齿轮越程槽和键槽等。轴肩用于轴上零件和轴本身的轴向定位，螺纹用于安装各种锁紧螺母和调整螺母，螺纹退刀槽供加工螺纹时退刀用，齿轮越程槽则是为了能同时正确地磨出外圆和端面，键槽用来安装键以传递扭矩和运动。

3）分析图样的尺寸公差、形位公差和各种符号的含义。

① 传动轴以六个视图来表示，主视图、三个断面图、一个局部视图、一个局部放大图。主视图有两处采用局部剖视，是为了表示清楚键槽和定位销孔。以移出断面图表示键槽、销孔的形状；用局部放大图表示退刀槽的结构，其中两个移出断面图由于画在剖切线的延长线上，故可省略标注。标有2∶1的图为局部放大图。

② 轴右端部画有两相交的细实线表示平面。

③ 轴左端键槽的定形尺寸为32mm、14mm、44.5mm，定位尺寸为14mm。

④ 该轴的轴向尺寸基准为零件的右端面，径向尺寸基准为轴线。

⑤ 图中表面粗糙度值要求最严格处为1.6μm，没有标注粗糙度值的各处（如轴的右端面）为 $Ra6.3\mu m$。

⑥ 螺纹标记 M22×1.5-6g 中，M 为特征代号，表示普通螺纹，22 是指公称直径，1.5 是指螺距，螺纹的中径及大径公差带均为6g。

⑦ 图中框格标注

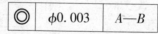

表示被测要素是 $\phi50n6$ 轴线，基准要素是两处 $\phi32f6$ 圆柱的公共轴线，公差项目为同轴度，公差为 $\phi0.03mm$。

⑧ 该轴需要进行调质处理（淬火+回火），调质后的硬度值范围是220～250（HBW：HB 的含义为布氏硬度，W 的含义为采用硬质合金压头检测）。

⑨ 该轴加工后，对左端的中心孔可以保留，其中 A 表示中心孔的形式，4 是导向孔的直径，8.5 是端面锥孔的直径。

通过对以上几方面的分析后，将获得的信息和认识，在头脑中进行一次综合、归纳，即可全部认识该零件，从而真正看懂这张图样。

4. 识读缸体零件的技术标注

1）缸体零件图，如图1-66所示。

2）看标题栏：从标题栏中可知零件的名称是缸体，其材料为灰铸铁，属于箱体类零件。

3）分析视图：图中采用三个基本视图。主视图为全剖视图，表达缸体内腔

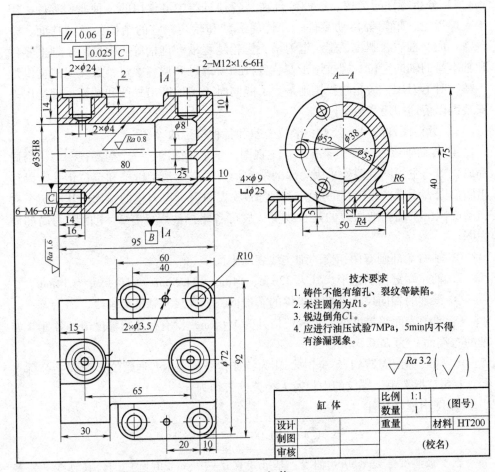

图 1-66　缸体

结构形状，内腔的右端是空刀部分，φ8mm 的凸台起限定活塞工作位置的作用，上部左右两个螺孔是连接油管用的螺孔。俯视图表达了底板形状和四个沉头孔、两个圆锥销孔的分布情况，以及两个螺孔所在凸台的形状。左视图采用 A—A 半剖视图和局部视图，它们表达了圆柱形缸体与底板的连接情况，与缸盖连接的螺孔分布情况，以及底板上的沉头孔。

4）分析尺寸：缸体长度方向的尺寸基准是左端面，从基准出发标注定位尺寸 80、15，定形尺寸 95、30 等，并以辅助基准标注了缸体和底板上的定位尺寸 10、20、40，定形尺寸 60、R10。宽度方向尺寸基准是缸体前后对称面的中心线，并标注出底板上定位尺寸 φ72 和定形尺寸 92、50。高度方向的尺寸基准是缸体底面，并标注出定位尺寸 40，定形尺寸 5、12、75。

5）看技术要求：缸体活塞孔 φ35 是工作面并要求防止泄露；圆锥孔是定位

面，所以表面粗糙度 Ra 的最大允许值为 $Ra0.8\mu m$；安装缸盖的左端面为密封面，所以表面粗糙度的最大允许值为 $Ra1.6\mu m$。

缸体活塞孔的轴线与底板安装面 B 的平行度公差为 0.06；左端面与缸体活塞孔的轴线垂直度公差 0.025。因为油缸的工作介质是压力油，所以缸体不应有缩孔，加工后还要进行油压试验。

6）总结分析：综合分析零件图样表达的全部内容，了解零件的结构特点、尺寸标注和技术要求等，为零件的加工做好准备。

● 项目6 测量工具的使用 ●

阐述说明

初学者现在应该具有了良好的职业道德，掌握了安全生产、文明生产知识，掌握了机械制图及钢材的基本知识，了解了车床及刀具的结构，掌握了车床的基本操作方法，会识读零件加工图样上的尺寸公差及位置公差。接下来就要学会使用常见的各种量具，以便在加工过程中检测加工件，得到符合图样要求的产品。

1. 游标卡尺

游标卡尺是一种通用量具，其测量精度有 0.02mm 和 0.05mm 两个等级。常见的游标卡尺的结构如图 1-67 所示。

（1）两用游标卡尺　由尺身和游标组成，如图 1-67a 所示。旋松固定游标用的螺钉即可移动游标调节内外量爪开档大小进行测量。下量爪用来测量工件的外径和长度，内量爪可以测量孔径或槽宽及孔距，深度尺可用来测量工件的深度和阶台的长度。测量前先检查并校对零位，测量时移动游标并使量爪与工件被测表面保持良好接触，取得尺寸后把螺钉旋紧后再读数，防止尺寸变动使读数不准。

（2）双面游标卡尺　在其游标上增加微调装置，如图 1-67b 所示。拧紧固定微调装置的螺钉，松开螺钉，用手指转动螺母，通过小螺杆即可微调游标。上量爪用以测量外沟槽的直径或工件的孔距，内、外量爪用来测量工件的外径和孔径。

测量孔径时，将两爪插入所测部位，如图 1-68d 所示。这时尺身不动，适当调整微调装置，使测量面与工件轻轻接触。不可预先调好尺寸再去硬卡工件，并且测量用力要适当。测量用力太大会造成尺框倾斜，产生测量误差；测量用力太小会造成卡尺与工件接触不良，使测量尺寸不正确。读数时必须加上内外量爪的

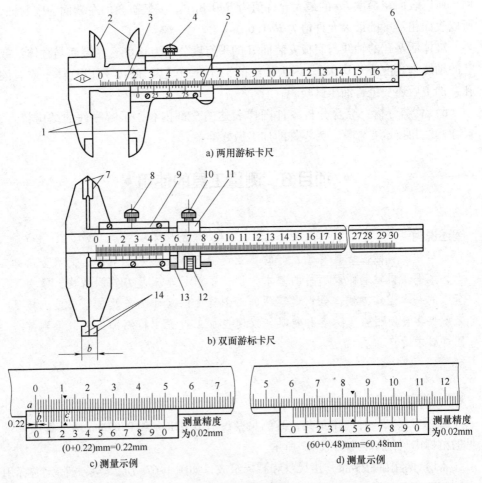

图 1-67　游标卡尺

1—下量爪　2—内量爪　3—尺身　4—螺钉　5—游标　6—深度尺　7—上量爪
8—螺钉　9—游标　10—螺钉　11—微调装置　12—螺母　13—小螺杆　14—内、外量爪

厚度 b（通常 $b=10$mm）。

（3）识读游标卡尺　读数前要明确所用游标尺的测量精度。先读出游标零线左边在尺身上的整数毫米值；再在游标尺上找到与尺身刻线对齐的刻线，在游标的刻度尺上读出小数毫米值；然后将上面两项读数加起来，即为被测表面的实际尺寸。图 1-67c 中的读数值为 0.22（0+0.22）mm，图 1-67d 中的读数值为 60.48（60+0.48）mm。

2. 千分尺

千分尺的种类有很多，最常见的是外径千分尺，它的测量精度为 0.01mm。

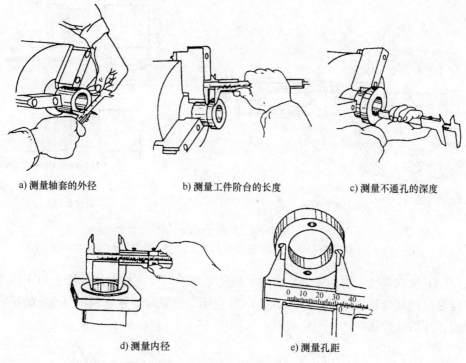

a) 测量轴套的外径   b) 测量工件阶台的长度   c) 测量不通孔的深度

d) 测量内径   e) 测量孔距

图 1-68　游标卡尺的使用方法

（1）外径千分尺　由尺架、固定量杆、测微螺杆、锁紧装置和测力装置等组成，如图 1-69 所示。测微螺杆的长度受到制造上的限制，其移动量通常为25mm，所以千分尺的测量范围分别为 0～25mm，25～50mm，50～75mm，75～100mm，…，每隔25mm 为一档规格。最大千分尺的测量尺寸可达 3m，制作尺架的材料是可锻铸铁。由于尺架过大而易出现挠度，测量时需要用吊车悬挂，采用与 0 点重合时同样的姿势测量（固定测杆与测微螺杆的连线处于水平线或铅垂线位置），由两名工人配合测量。

（2）千分尺的读数原理　千分尺以微测螺杆的运动对零件进行测量，螺杆的螺距为 0.5mm，当微分筒转一周时，螺杆移动 0.5mm，固定套筒的刻线每格为0.5mm，微分筒的斜圆锥面周围共刻 50 格，当微分筒转一格时，测微螺杆就移动0.5mm÷50＝0.01mm。

（3）识读千分尺　首先读出微分筒左边固定套筒上露出的刻线整数及半毫米值；再找出微分筒上那条刻线与固定套筒上的轴向基准线对齐，读出尺寸的毫米小数值；最后把固定套筒上读出的毫米整数值与微分筒上读出的毫米小数值相加，即为测得的实际尺寸。图 1-69b 中的读数为 12.04（12+0.04）mm，图 1-69c中的读数为 32.85（32.5+0.35）mm。

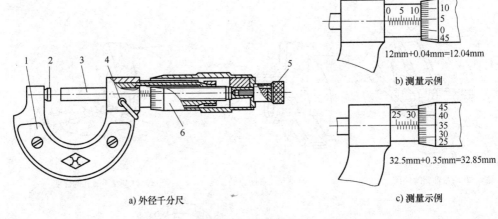

a) 外径千分尺

b) 测量示例

12mm+0.04mm=12.04mm

32.5mm+0.35mm=32.85mm

c) 测量示例

图 1-69　外径千分尺

1—尺架　2—固定测杆　3—测微螺杆　4—锁紧装置　5—测力装置　6—微分筒

(4) 检查零线　在用千分尺检测工件尺寸之前，要先检查微分筒上的零线和固定套筒的零线基准是否对齐，如图 1-70 所示。测量时要考虑到零位不准的示数误差，并加以校正。

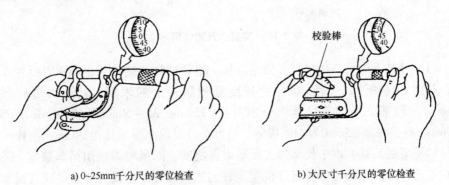

校验棒

a) 0~25mm千分尺的零位检查　　　　　b) 大尺寸千分尺的零位检查

图 1-70　检查零线

(5) 千分尺的测量方法　用千分尺测量工件时，单手测量的方法如图 1-71a 所示。双手测量的方法如图 1-71b、c 所示。也可将千分尺固定在尺架上，如图 1-71d 所示。测量误差可控制在 0.01mm 之内。

3. 百分表

1) 百分表是一种指示量仪，其刻度值为 0.01mm。刻度值为 0.001mm 或 0.002mm 的称为千分表。

2) 百分表用于测量工件的形状及位置精度，测量内孔及找正工件在机床上的安装位置。

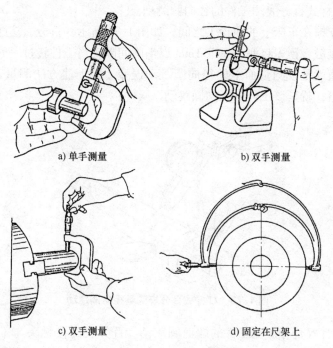

a) 单手测量　　　　　　　　　　　　b) 双手测量

c) 双手测量　　　　　　　　　　　　d) 固定在尺架上

图 1-71　千分尺的使用方法

3）常见的百分表有钟表式和杠杆式两种，如图 1-72 所示。钟表式的工作原理是将测杆的直线位移经齿轮齿条放大，转变成指针的摆动。在测量时其量杆必须垂直于被测量的工件表面。杠杆式百分表是利用杠杆齿轮放大原理制成的，其球面测杆可根据测量需要转动测头位置。在使用前，应通过转动罩壳，使长指针对准 "0" 位。

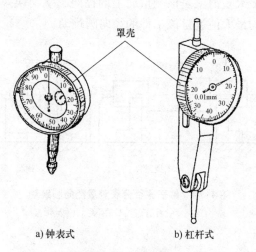

a) 钟表式　　　　　　　　　　　　b) 杠杆式

图 1-72　百分表

4）用杠杆式百分表测工件的径向圆跳动。

将工件支撑在车床上的两顶尖之间，如图 1-73 所示。百分表接触头与工件被测部分外圆接触，预先将测头压下 1mm 以消除间隙，当工件转过一圈，百分表读数的最大差值就是该测量面上的径向圆跳动误差。按上述方法测量若干个截面，得到的最大值，就是该工件的径向圆跳动。

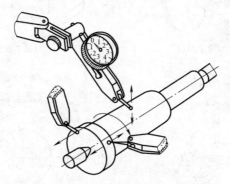

图 1-73　杠杆式百分表测量径向圆跳动

5）用杠杆式百分表测工件的端面圆跳动。百分表的接触头与工件所需测量的端面接触，并预先将测头压下 1mm 以消除间隙，当工件转过一圈，百分表读数的最大差值就是该直径测量面上的端面圆跳动误差，如图 1-73 所示。按上述的方法在若干直径处测量，得到的最大值为该工件的端面圆跳动。

6）用钟表式百分表测工件的径向圆跳动。工件支撑在平板上的 V 形架上，在其轴向设一支撑限位，以防止测量时的轴向移动，如图 1-74 所示。让量杆垂直于轴最上面的素线，百分表的接触头与工件外圆最上素线接触，当工件转过一圈，百分表读数的最大差值就是该测量面上的径向圆跳动误差。按上述方法测量若干个截面，得到的最大值就是该工件的径向圆跳动。

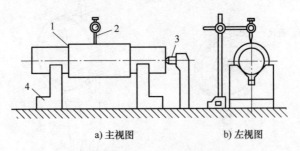

a) 主视图　　　　　　　　b) 左视图

图 1-74　钟表式百分表测量径向圆跳动
1—工件　2—百分表　3—顶尖　4—V 形架

4. 深度游标卡尺

深度游标卡尺的测量范围一般有 0～200mm、0～300mm 等，其结构如图 1-75 所示，主要由主尺、副尺、紧固螺钉等几部分组成。主要用于测量阶梯孔、不通孔、曲槽等工件的深度。

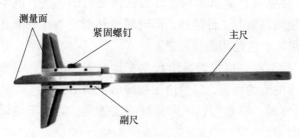

图 1-75　深度游标卡尺

5. 万能角度尺

万能角度尺的测量范围一般为 0°～320°、0°～360°等，其结构如图 1-76 所示，主要由主尺、基尺、制动器、扇形板、直角尺、游标、直尺、卡块等几部分组成。万能角度尺是用来以接触法按游标读数测量工件角度和进行角度划线的。

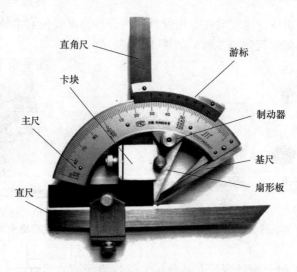

图 1-76　万能角度尺

6. 常用量具的使用实例

（1）游标卡尺测量工件　如图 1-77 所示。

1）使用前，应先把量爪和被测工件表面的灰尘和油污等擦干净，以免碰伤游标卡尺量爪和影响测量精度,同时检查各部件的相互作用,如尺框和微动装置移动是否灵活,紧固螺钉是否能起作用等。

2)检查游标卡尺零位,使游标卡尺两量爪紧密贴合,用眼睛观察应无明显的光隙。

3)使用时,要掌握好量爪面与工件表面接触时的压力,既不能太大,也不能太小,应刚好使测量面与工件接触,同时量爪还能沿着工件表面自由滑动。有微动装置的游标卡尺,应使用微动装置。

4)游标卡尺读数时,应把游标卡尺水平地拿着朝向亮光的方向,使视线尽可能地和尺上所读的刻线垂直,以免由于视线的歪斜而引起读数误差。

5)测量外尺寸时,读数后,不可从被测工件上猛力抽下游标卡尺,否则会使量爪的测量面磨损。

6)不能用游标卡尺测量运动着的工件。

7)不准以游标卡尺代替卡钳在工件上来回拖拉。

8)游标卡尺不要放在强磁场附近(如磨床的磁性工作台上),以免使游标卡尺受磁性影响。

9)使用后,应当注意平放游标卡尺,尤其是大尺寸的游标卡尺,否则会使主体弯曲变形。

10)使用完毕后,应安放在专用量具盒内,注意不要使它生锈或弄脏。

(2)深度游标卡尺测量工件 如图1-78所示。

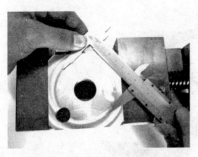 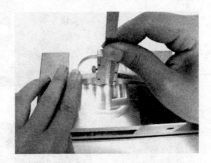

图1-77 游标卡尺测量工件　　　　图1-78 深度游标卡尺测量工件

1)测量时先将尺框的测量面贴合在工件被测深部的顶面上,注意不得倾斜,然后将尺身推上去直至尺身测量面与被测深部手感接触,此时即可读数。

2)由于尺身测量面小,容易磨损,在测量前需检查深度尺的零位是否正确。

3)深度尺一般都不带有微动装置,如使用带有微动装置的深度尺时,需注意切不可接触过度,以致带来测量误差。

4)由于尺框测量面比较大,在使用前,应清洁测量面,使其无油污和灰尘,并去除毛刺、锈蚀等缺陷。

（3）万能角度尺测量工件 如图1-79所示。

1）使用前，用干净纱布将其擦干净，再检查各部件的相互作用是否移动平稳可靠、止动后的读数是否不动，然后对"0"位。

2）测量时，放松制动器上的螺母，移动主尺座做粗调整，再转动游标背后的手把做精细调整，直到使万能角度尺的两测量面与被测工件的工作面密切接触为止。然后拧紧制动器上的螺母加以固定，即可进行读数。

3）测量被测工件内角时，应从360°减去万能角度尺上的读数值。例如在万能角度尺上的读数为306°24′，则内角的测量值就是360°−306°24′=53°76′。

4）测量完毕后，用干净纱布仔细擦干净，涂上防锈油。

（4）外径千分尺测量工件 如图1-80所示。

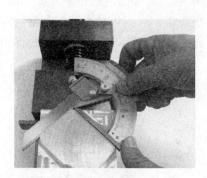

图1-79 万能角度尺测量工件

图1-80 外径千分尺测量工件

1）使用外径千分尺时，一般用手握住隔热装置。如果用手直接握住尺架，就会使千分尺和工件温度不一致而增加测量误差。在一般情况下，应注意使外径千分尺和被测工件具有相同的温度。

2）千分尺两测量面将与工件接触时，要使用测力装置，不要转动微分筒。

3）千分尺测量轴的中心线要与工件被测长度方向相一致，不要歪斜。

4）千分尺测量面与被测工件相接触时，要考虑工件表面的几何形状。

5）在测量被加工的工件时，要在工件处于静态时测量，不要在工件转动或加工时测量，否则易使测量面磨损、测杆扭弯甚至折断。

6）按被测尺寸调节外径千分尺时，要慢慢地转动微分筒或测力装置，不要握住微分筒挥动或摇转尺架，以致使精密测微螺杆变形。

7）测量时，应使测量面与被测表面接触，然后摆动测微头端找到正确位置，使测微螺杆测量面与被测表面接触，在千分尺上读取被测值。当千分尺离开被测表面读数时，应先用锁紧装置将测微螺杆锁紧再进行读数。

8）千分尺不能当卡规或卡钳使用，防止划坏千分尺的测量面。

（5）内径千分尺测量工件 如图 1-81 所示。

1）选取接长杆，尽可能选取数量最少的接长杆来组成所需的尺寸，以减少累积误差。在连接接长杆时，应按尺寸大小排列，尺寸最大的接长杆应与微分头连接。如果把尺寸小的接长杆排在组合体的中央，那么接长后千分尺的轴线会因管头端面平行度误差的"积累"而增加弯曲，使测量误差增大。

2）使用测量下限为 75（或 150）mm 的内径千分尺时，被测量面的曲率半径不得小于 25（或 60）mm，否则可能会导致用内径千分尺的测头球面的边缘来测量。

3）测量必须注意温度影响，防止手的传热或其他热源。大尺寸内径千分尺受温度变化的影响更为显著，测量前应严格等温，还要尽量减少测量时间。

4）测量时，固定测头与被测表面接触，摆动活动测头的同时，转动微分筒，使活动测头在正确的位置上与被测工件手感接触，就可以从内径千分尺上读数。所谓正确位置是指：在测量两平行平面间的距离时，应测得最小值；在测量内径尺寸时，轴向找最小值，径向找最大值。离开工件读数前，应用锁紧装置将测微螺杆锁紧，再进行读数。

（6）内径百分表测量工件 如图 1-82 所示。

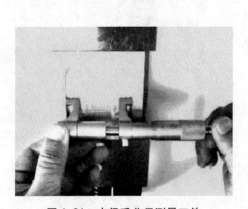 

图 1-81 内径千分尺测量工件　　　　　图 1-82 内径百分表测量工件

1）根据被测尺寸公差的情况，先选择一个千分尺（普通的分度值为 0.01mm）。

2）把千分尺调整到被测值名义尺寸并锁紧。

3）一手握内径百分表，一手握千分尺。将表的测头放在千分尺内进行校准，注意要使百分表的测杆尽量垂直于千分尺测头平面。

4）调整百分表使压表量在 0.2~0.3mm，并将表针置零。按被测尺寸公差调整表圈上的误差指示拨片，然后进行测量。

模块2

数控车工认知入门

阐述说明

　　数控车削加工是数控加工中应用广泛的加工方法，数控车床与卧式车床一样用于轴类、盘类等回转体零件的加工，可完成各种内圆柱面、外圆柱面、圆锥面、圆柱螺纹、圆锥螺纹、切槽、钻扩、铰孔等工序的加工；还可完成卧式车床上不能完成的圆弧、各种非圆曲面构成的回转体、非标准螺纹、变螺距螺纹等表面的加工。数控车床特别适合于复杂形状的零件或中、小零件的批量加工。

• 项目1　数控车床简介 •

1. NC车床、CNC车床

　　采用数字化信号实现自动控制的车床，称为NC车床。计算机数控系统称为CNC系统，具有CNC系统的车床称为CNC车床。常见的卧式数控车床如图2-1所示。

　　1）数控车床侧面是电源的总开关，开车床时首先要启动该开关。在侧面上画有润滑线路图，对需要润滑的位置做出了标记，应按规定的时间要求对机床进行润滑及保养，如图2-2所示。

　　2）数控车床上带有防护罩，用薄钢板制作框架，中部镶嵌有机玻璃（透明的树脂材料），车削脆性材料时要拉上罩子，避免车削过程中切屑伤人。

　　主轴上通常安装自定心卡盘（加工特殊零件时可更换成单动卡盘），用于装夹待加工的零件（棒料），如图2-3所示。

图 2-1　卧式数控车床

图 2-2　侧面有电源开关及润滑线路图

图 2-3　防护罩及自定心卡盘

3）中滑板的上部是小滑板，小滑板的上部是方刀架。中滑板沿导轨做纵向移动（Z 方向），向卡盘方向靠近或离开。小滑板带着方刀架做横向移动（X 方向），使装夹的刀具接近或离开卡盘上的零件，如图 2-4 所示。

4）方刀架上标有刀具号，1 号刀位安装外圆刀、2 号刀位安装切槽刀、3 号刀位安装螺纹刀、4 号刀位安装其他形式刀具，如图 2-5 所示。

图 2-4　中、小滑板及方刀架

图 2-5　按刀具号安装相应的刀具

5）尾座用于零件的钻孔，将相应直径钻头的柄部插入尾座前部的锥孔中，推动尾座沿导轨前行，到达位置后将尾座固定，摇动后边的手轮，使尾座套筒伸出，带动钻头前行；卡盘带着工件旋转，完成对零件的钻孔加工。不工作时，将尾座固定在床尾，如图 2-6 所示。

6）机床上部是计算机显示屏、键盘及控制系统，各种按钮及按键用于输入程序、控制刀架的移动及转动，显示屏上显示加工程序及输入的数据等，如图 2-7所示。

图 2-6　尾座的外观结构

图 2-7　计算机显示屏及各种按键、按钮

7）目前工厂常用的数控系统有 FANUC（发那科）数控系统、SIEMENS（西门子）数控系统、华中数控系统、广州数控系统、三菱数控系统等。每一种数控系统又有多种型号，如 FANUC（发那科）数控系统从 0i 到 23i、SIEMENS（西门子）数控系统包括 SINUMERIK 802S、SINUMERIK 802C、SINUMERIK 802D、SINUMERIK 810D、SINUMERIK 840D 等。各种数控系统的指令各不相同。即使同一系统不同型号，其数控指令也略有差别，使用时应以数控系统说明书中的指令为准。

2. 数控车床的型号标记

数控车床采用与卧式车床相类似的型号表示方法，由字母及一组数字组成。

1）数控车床 CKA6150 中各代码的含义说明如下：

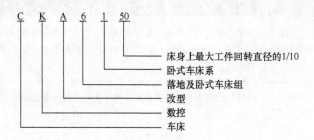

2）数控车床 CJK6140A 中各代码的含义说明如下：

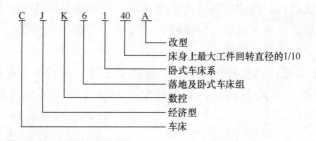

$\begin{array}{cccccccc} C & J & K & 6 & 1 & 40 & A \end{array}$
改型
床身上最大工件回转直径的1/10
卧式车床系
落地及卧式车床组
数控
经济型
车床

3. 数控车床按功能分类

按数控车床的功能分为经济型数控车床、普通数控车床和车削加工中心三大类。

（1）经济型数控车床 经济型数控车床是在卧式车床的基础上进行改进设计的，一般采用步进电动机驱动的开环伺服系统，其控制部分通常采用单板机或单片机。经济型数控车床成本较低，自动化程度和功能都比较差，车削加工精度也不高，适用于要求不高的回转类零件的车削加工。

（2）普通数控车床 根据车削加工的要求，在结构上进行专门设计并配备通用数控系统而形成的数控车床。其数控系统功能强，自动化程度和加工精度也比较高，可同时控制两个坐标轴，即 X 轴和 Z 轴，应用较广，适用于一般回转类零件的车削加工。

（3）车削加工中心 在普通数控车床的基础上，增加了 C 轴和铣削动力头，更高级的数控车床带有刀库，可控制 X、Z 和 C 三个坐标轴，联动控制轴可以是（X、Z）、（X、C）或（Z、C）。由于增加了 C 轴和铣削动力头，这种数控车床的加工功能大大增强，除可以进行一般车削外，还可以进行径向和轴向铣削、曲面铣削、中心线不在零件回转中心的孔和径向孔的钻削等加工。

4. 数控车床的加工特点 （见表 2-1）

表 2-1　数控车床的加工特点

序号	特点	说明
1	内加工复杂型面	数控车床因能实现两坐标轴联动，所以容易实现许多卧式车床难以完成或无法加工的由曲线、曲面构成的回转体的加工，以及非标准距螺纹、变螺距螺纹的加工
2	具有高度韧性	使用数控车床，当加工的零件改变时，只需重新编写（或修改）数控加工程序，即可实现对新零件的加工；不需要重新设计模具、夹具等工艺装备，对多品种、小批量零件的生产适应性强

（续）

序号	特点	说明
3	加工精度高、质量稳定	数控车床按预定的加工程序自动加工工件，加工过程中消除了操作者人为的操作误差，能保证零件加工工作量的一致性，而且还可以利用反馈系统进行校正及补充加工精度。因此，可以获得比机床本身精度还要高的加工精度
4	自动化程度高、工人劳动强度低	用数控车床加工零件时，操作者除了输入程序、装卸工件、对刀、进行关键工序的中间检测等，不需要进行其他复杂手工操作，劳动强度和紧张程度均大为减轻。此外，机床上都具有较好的安全防护、自动排屑、自动冷却等装置，操作者的劳动条件也大为改善
5	生产效率高	数控车床的刚性好，主轴转速高，可以进行大切削用量的强力切削。此外，机床移动部件的空行程运动的速度快，加工时所需的切削时间和辅助时间均比普通机床少，生产效率比普通机床高 2~3 倍。加工形状复杂的零件时，生产效率可比普通机床高十几倍到几十倍
6	经济效率高	在单件、小批量生产的情况下，使用数控车床能减少划线、调整、检验时间从而减少生产费用，并能通过节约工艺装备，减少装备费用等获得良好的经济效益。此外，其加工精度稳定减少了废品率。数控机床还可以实现一机床多用，节约了厂房及建厂投资等
7	有利于生产管理的现代化	用数控车床加工零件，能准确地计算零件的加工工时，有效地简化了检验工作和工夹具、半成品的管理工作。其加工及操作均使用数字信息与标准代码输入，最适合与计算机联系，目前已成为计算机辅助设计、制造及管理一体化的基础

5. 数控车削的加工过程

数控车削的加工过程及主要工步如图 2-8 所示。

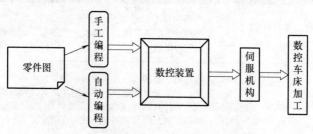

图 2-8　数控车削的加工过程及主要工步

1）依据零件加工图样的尺寸及几何公差，编写刀具相对于零件的运动轨迹，选择切削参数及辅助动作顺序等。

2）按规定的"G""M"代码和程序格式，用手工编程或计算机自动编程的方法，编写零件加工程序。

3）通过车床的操作面板将编写好的加工程序输入数控装置，或通过接口传递。

4）数控车床启动后，数控装置根据输入的信息进行一系列的运算和控制处理，将结果以脉冲形式送入车床的伺服机构。

5）计算机指挥伺服机构驱动车床各部件运动，各坐标轴的伺服电动机控制部件的先后顺序、速度和移动量，并与选定的主轴转速相配合，车削出形状不同的工件。

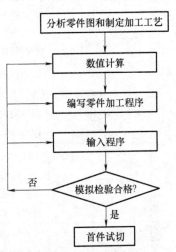

图 2-9　数控编程的主要步骤

6. 数控编程的主要步骤

数控编程分为手工编程和自动编程两种，其主要步骤如图 2-9 所示。

（1）手工编程　对于加工形状简单的工件，手工编程比较简单，程序不复杂，而且经济、方便。因此在点定位加工、直线与圆弧组成的轮廓加工中，手工编程仍广泛使用。

（2）自动编程　用计算机及相应编程软件编制数控加工程序的过程。常见的软件有 Mastercam、UG、Pro/E、CAXA 制造工程师等。

7. 数控编程的主要内容

数控编程的主要内容及说明见表 2-2。

表 2-2　数控编程的主要内容及说明

内容	说明
分析零件图、确定零件的加工工艺	依据图样的尺寸、形状及技术要求，选择加工方案，确定加工顺序、加工路线、装夹方式、刀具及切削参数，正确选择对刀点、换刀点，减少换刀次数
数值计算	计算零件粗、精加工的运动轨迹。当零件图样坐标系与编程坐标系不一致时，需要对坐标进行换算。对于形状比较简单的零件（直线及圆弧组成的零件）的轮廓加工，需要计算出几何元素的起点、终点、圆弧的圆心、两几何元素的交点或切点的坐标值
编写零件加工程序单	根据数控系统的功能指令代码及程序段格式，编写加工程序单，填写有关的工艺文件，如加工工序卡、数控刀具卡、加工程序单等
输入程序	手动输入数据或通过计算机传送至机床数控系统
程序检验与首件试切	可以在数控仿真系统上仿真加工过程、空运行观察走刀路线是否正确，但这只能检验出运动是否正确，不能检出被加工零件的加工精度。因此要进行零件的首件试切

· 项目2 数控车削加工工艺 ·

1. 加工工艺的主要内容

1) 确定零件坯料的装夹方式与加工方案。

2) 根据坯料选择适当的刀具。

3) 选择切削用量。

4) 确定加工中的对刀点及换刀点。

5) 填写各种操作的工艺卡等。

2. 划分加工工序

确定零件通过哪些工序可以完成，划分工序可依据零件的数量采用不同的原则。

（1）工序集中原则 对于单件小批量生产的零件，采用工序集中原则，使工序的总数量减少。一道工序中完成多项加工内容，既减少了夹具数量和零件的装夹次数，又保证了各表面间尺寸及位置精度。

（2）工序分散原则 对于大批量生产的零件，把加工零件的过程分散到较多的工序中进行，有利于选择合适的切削用量。

3. 加工路线的确定

加工路线是刀具相对于零件的运动轨迹，是编写程序的依据。加工顺序按先粗后精、先近后远的原则确定。

（1）先粗后精 按粗车、半精车、精车的顺序，在粗加工时切掉较多的毛坯余量，如图2-10所示。粗车切掉双点画线部分，为精加工留下较少且均匀的加工余量。若粗车所留的余量不能满足精加工的要求，则需要有半精车工序。精车要按图样尺寸一次切出零件轮廓，并保证加工精度。

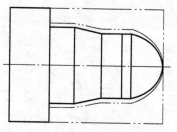

图2-10 按先粗后精原则切削

（2）先近后远 离对刀点近的部位先加工，远的部位后加工，缩短刀具的移动距离，减少刀具的空行程，如图2-11所示，零件的精加工顺序依次是$\phi 28mm \rightarrow \phi 32mm \rightarrow \phi 36mm$。

4. 刀具的种类

数控切削的刀具要求刚度好、切削性能好，耐用度高，而且安装调整方便。

根据刀头及刀体的连接方式，车刀主要分为焊接式车刀和机械夹紧式可转位车刀两大类。

（1）焊接式车刀　刀头与刀体焊接在一起。

（2）机械夹紧式可转位车刀　刀片的位置可以转动，便于实现标准化，对刀方便，减少换刀时间，如图2-12所示。

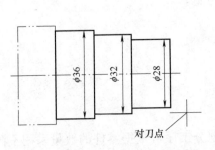

对刀点

图2-11　按先近后远原则切削

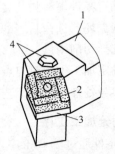

图2-12　机械夹紧式可转位车刀的结构
1—刀杆　2—刀片　3—刀垫　4—螺钉

根据被加工面形状、切削方法选择刀片的形状及型号，常见的可转位车刀刀片的形状如图2-13所示。

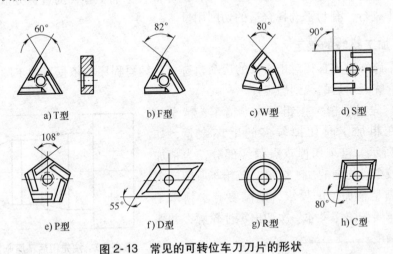

a) T型　　　b) F型　　　c) W型　　　d) S型

e) P型　　　f) D型　　　g) R型　　　h) C型

图2-13　常见的可转位车刀刀片的形状

5. 刀具的用途

1）根据工件的加工要求来选择相应的刀具，常用数控车刀的种类及用途见表2-3。

表2-3 常用数控车刀的种类及用途

		外圆精车刀	外圆粗车刀	端面车刀	切槽车刀	螺纹车刀	内孔车刀
常用焊接式车刀	种类						
	用途	用于圆柱表面外圆、阶台、端面的精车	用于圆柱表面外圆、阶台、端面的粗车	用于车削圆柱端面、外圆和倒角	用于圆柱的切断或车槽	用于圆柱外表面及内孔车削各种螺纹	用于圆柱钻孔后车削内孔
		外圆右偏精车刀	外圆右偏粗车刀	45°端面车刀	外圆切槽车刀	外圆螺纹车刀	
常用机械夹紧式可转位车刀	种类						
	用途	用于圆柱表面外圆、阶台、端面的精车	用于圆柱表面外圆、阶台、端面的粗车	用于车削圆柱端面、外圆和倒角	用于圆柱棒料的切断或车槽	用于在圆柱棒料表面车削外螺纹	
		中心钻	麻花钻	粗镗孔车刀	精镗孔车刀		
内孔车刀	种类						
	用途	用于轴类等零件端面上中心孔的加工;用于孔加工的预制精确定位,引导麻花钻进行孔加工,减少钻孔误差	通过固定轴线的旋转切削在工件上钻削圆孔	用于扩孔及修钻孔造成的轴线歪曲、偏斜等缺陷	对粗镗后的内孔进行精加工		

2)可转位车刀的刀片与刀体安装在一起的情形,如图 2-14 所示。

6. 切削用量的选择

选择切削用量是为了保证加工质量和提高刀具寿命,缩短切削时间,提高生产效率,降低生产成本。

切削用量又称为切削三要素,包括背吃刀量(切削深度)a_p、进给量 f 和切

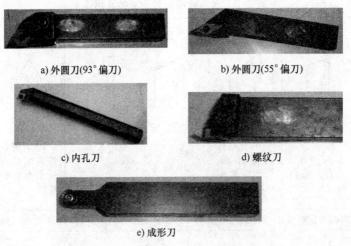

a) 外圆刀(93°偏刀) b) 外圆刀(55°偏刀)

c) 内孔刀 d) 螺纹刀

e) 成形刀

图 2-14　刀片与刀体安装在一起的情形

削速度 v_c。

（1）背吃刀量 a_p　工件上已加工表面与待加工表面的垂直距离，它是由车床、刀具、零件的刚度等因素决定。粗加工时选择较大的背吃刀量，以减少走刀次数、提高生产率；精加工时选择较小的背吃刀量，以保证零件的加工精度和表面粗糙度。

（2）进给量 f　工件每转一圈，车刀沿进给方向移动的距离，其单位为 mm/r。粗加工时尽可能选择大的进给量；精加工时要选择小的进给量，以保证零件表面粗糙度。

（3）切削速度 v_c　指切削刃上选定点相对于工件的主运动的瞬时速度，其单位为 m/min。切削速度的计算公式为

$$v_c = \frac{\pi dn}{1000}$$

式中　v_c——切削速度（m/min）；

　　　n——车床主轴的转速（r/min）；

　　　d——工件直径（mm）。

7. 车削中对刀点、换刀点及刀位点的确定

（1）对刀点　车削零件时刀具相对零件运动的起点。程序从该点开始执行，所以对刀点又称为"程序起点"或"起刀点"。对刀点可选在零件上，也可选在夹具或机床上，但必须与零件的定位基准有一定的尺寸关系。为了减少加工误差，要尽量选在零件的设计基准或工艺基准上，如图 2-15 所示。坐标原点为 O（0，0），对刀点的 X 坐标取毛坯直径，Z 坐标一般取距离零件端面 2mm 处。

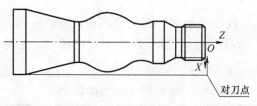

图 2-15　对刀点示意

（2）换刀点　换刀点是刀架转位换刀的位置，设在零件或夹具的外部，以刀架转位时不碰零件或其他部件为准。

（3）刀位点　编制加工程序时，用来表示刀具位置的点，各类车刀的刀位点如图 2-16 所示。每把刀的刀位点在整个加工中只能有一个位置。

刀位点

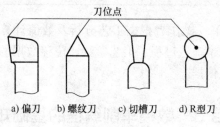

a) 偏刀　　b) 螺纹刀　　c) 切槽刀　　d) R型刀

图 2-16　刀位点

8. 加工工艺卡的填写

填写工艺卡是操作者要遵守执行的规程，它既是加工的依据，也是产品验收的依据。加工工艺卡包括加工工序卡、数控刀具卡、数控加工程序单等。

1）加工工序卡　它是编制加工程序的主要依据，是操作人员进行数控车削的指导性文件。加工工序卡包括工步号、工步内容、所用的刀具和切削用量等，见表 2-4。

表 2-4　加工工序卡

单位名称		产品名称或代号		零件名称		零件图号	
工序号	程序编号	夹具名称		加工设备		车间	
工步号	工步内容	刀号	刀具规格 R/mm	主轴转速 $n/\mathrm{r}\cdot\mathrm{min}^{-1}$	进给量 $f/\mathrm{mm}\cdot\mathrm{r}^{-1}$	背吃刀量 a_p/mm	
编制	审核	批准		日期		共1页	第1页

2）数控刀具卡　数控车削对刀具的要求很严格，一般在机外对刀仪上调整好刀具位置和长度。数控刀具卡主要反映刀具的编号、名称、数量、规格等内容，见表2-5。

表2-5　数控刀具卡

产品名称或代号			零件名称		零件图号		
序号	刀具号	刀具名称	数量	加工表面	刀尖半径 R/mm	刀尖方位 T	备注
编制		审核		批准	共1页	第1页	

3）数控加工程序单　操作者根据工艺分析及数值计算，按照机床指令代码特点进行编写。它是记录工艺过程、工艺参数、位移数据的清单，是手动输入数据实现数控加工的主要依据。

• 项目3　数控车削编程的基础知识 •

1. 数控车床的坐标系

（1）坐标系的建立　标准坐标系采用右手直角笛卡儿坐标系，如图2-17所示。

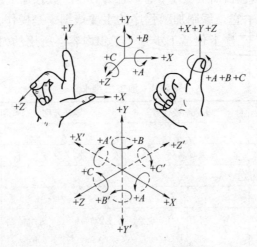

图2-17　右手直角笛卡儿坐标系

卧式车床坐标系如图2-18所示，车床主轴纵向是Z轴，平行于横向运动方

向为 X 轴，车刀远离零件的方向为正向，接近零件的方向为负向。

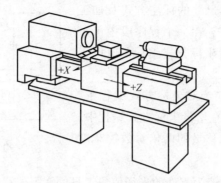

图 2-18 卧式车床坐标系

（2）编程原点与编程坐标系 为了方便编程，在零件图上适当选定一点，该点应尽量设置在零件的工艺基准或设计基准上，并以此点作为坐标系原点，再建立一个新坐标系；将该点称为编程原点，新坐标系称为编程坐标系（零件坐标系）。

编程坐标系用来确定编程和刀具的起点，编程原点一般设在右端面与主轴回转中心线的交点 O 上，也可设在零件的左端面与主轴回转中心线的交点 O 上，如图 2-19 所示。以机床主轴线方向为 Z 轴方向，刀具远离零件的方向为 Z 轴正向。X 轴位于水平面且垂直于零件旋转轴线的方向，刀具远离主轴轴线的方向为 X 轴正向。

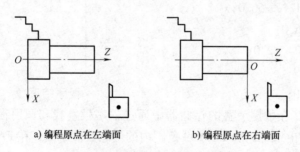

a) 编程原点在左端面　　　　b) 编程原点在右端面

图 2-19 编程原点及零件坐标系

2. 编程方式的选择

（1）绝对坐标系 所有坐标点的坐标值均从编程原点计算的坐标系，称为绝对坐标系。

（2）增量坐标系 坐标系中的坐标值是相对于刀具前一位置（或起点）来计算的，称为增量坐标。增量坐标常用 U、W 表示，与 X、Z 轴平行且同向。

例1 图 2-20 中，O 为坐标原点，A 点绝对坐标为 $(D_3, -L_2)$，A 点相对于

B 点的增量坐标为 (U, W) 其中 $U = D_3 - D_2$；$W = -(L_2 - L_1)$。

编程中可根据图样尺寸的标注方式及加工精度要求选用编程方式，在一个程序段中可采用绝对坐标方式或增量坐标方式编程，也可采用两者混合编程。

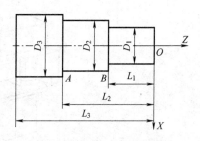

（3）直径编程　在绝对坐标方式编程中，X 值为零件的直径值；在增量坐标方式编程中，X 值为刀具径向实际位移量的两倍。数控车削系统多数采用直径编程。

图 2-20　绝对坐标系示意

（4）半径编程　X 值为零件的半径值或刀具的实际位移量。

3. 程序的结构与程序段格式

（1）程序的结构　一个完整的程序由程序号、程序内容和程序结束三部分组成。

例 2

```
O00001;                                          程序号
N0010  G40  G97  G99  M03  S600  F0.25;
N0020  T0101;
N0030  M08;
N0040  G00  X44.0  Z2.0;
N0050  G01  Z-66.0;                              程序内容
N0060  X46.0;
N0070  G00  Z2.0;
N0080  M09;
N0090  M30;                                      程序结束
```

1）程序号。在数控装置的存储器中通过程序号查找和调用程序。程序号在程序的最前端，由地址码和 1~9999 范围内的任意数值组成，在 FANUC 系统中一般地址码为字母 O，其他系统用 P 或 % 等。

2）程序内容。用来控制车床自动完成对工件的加工，是整个程序的主要部分，它由若干程序段组成。每个程序段由若干程序字组成，每个程序字又由地址码和若干个数字组成。

3）程序结束。采用辅助功能代码 M02（程序结束）和 M30（程序结束，返回起点）等表示。

（2）程序段格式　程序段格式是指一个程序段的字、字符和数据的书写规则，经常使用字地址可变程序段格式。它由程序段号字、数据字和程序段结束符组成。该格式对一个程序段中字的排列要求不严格，数据的位数不限，与上一程序段相同的字可以不写。字地址可变程序段格式如下：

$$N\_G\_X\_Z\_F\_S\_T\_M\_LF$$

（3）程序段内各字的说明（见表2-6）

表2-6 程序段内各字的说明

字	说明
程序段号字 N	程序段的编号，由地址码和后面的若干位数字表示（例如 N0090）。程序段的编号一般不连续排列，以 5 或 10 间隔，主要便于插入语句
准备功能字 G	G 代码是控制数控机床进行操作的指令，用地址码 G 和两位数字来表示
尺寸字 X、Z 等	尺寸字由地址码、"+""–"符号及绝对值或增量值组成，地址码有 X、Z、U、W、R、I、K 等
进给功能字 F	表示刀具中心运动时的进给量，由地址码 F 和后面若干位数字构成，其单位是 mm/min 或 mm/r
主轴转速功能字 S	由地址码 S 和若干位数字组成，单位为 mm/r
刀具功能字 T	表示刀具所处的位置，由地址码 T 和若干位数字组成
辅助功能字 M	辅助功能，表示一些机床的辅助动作指令，由地址码 M 和后面两位数字组成
程序段结束符	写在每段程序之后，表示程序段结束，在使用 EIA（电子工业协会）标准代码时，结束符为"CR"；在使用 ISO 标准代码时，结束符为"LF"或"NL"；FANUC 系统的结束符为"；"

（4）S、T、F 主要功能说明

1）主轴转速功能（S 功能）。利用地址 S 后续数值的指令，可控制主轴的转速，如 $n = 500r/min$，其指令表示为 S500。一个程序段只可以使用一个 S 代码，不同程序段，可根据需要改变主轴转速。

2）进给功能（F 功能）。表示刀具中心运动时的进给量，由地址码 F 和后面的若干位数字组成，有两种形式：一种是刀具每分钟的进给量（mm/min）；另一种是主轴转一圈时刀具的进给量（mm/r）。一个程序段只能使用一个 F 代码，不同的程序段可根据需要改变进给量。

3）刀具功能（T 功能）。车削零件的表面时，要依据加工要求，选择不同的刀具，每把刀都有特定的刀具号，以便于系统识别，如图 2-21 所示。

T 功能由地址码 T 和若干位数字组成，数字用来表示刀具号和刀具补偿号，数字的位数由系统决定。FANUC 系统中由 T 和四位数字组成，前两位是刀具号，后两位表示刀具补偿号。如 T0202，前"02"表

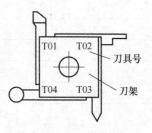

图 2-21 刀具和刀具号

示 2 号刀具，后 "02" 表示刀具补偿号。每把刀结束加工后要取消补偿，如 T0200，"00" 表示取消 2 号刀具补偿。

4. 系统的指令代码

不同的数控系统，其指令不完全相同，操作者要根据使用说明书编写程序，以下是 FANUC 0i Mate-TB 系统的指令代码。

（1）G 代码　G 代码是准备功能代码，用来规定刀具和零件的相对运动轨迹、机床坐标系、刀具补偿和固定循环等。

G 代码分为模态代码和非模态代码。模态代码是机床开机默认指令，该 G 代码在一个程序段中的功能一直保持到被取消或被同组的另一个 G 代码所代替。非模态代码只在有该代码的程序段有效。

G 代码按其功能进行了分组，同一功能组的代码可互相代替，但不允许写在同一程序段中。

数控车床采用的准备功能代码（G 代码）见表 2-7。

表 2-7　准备功能代码（G 代码）

指令代码	功能	组别	模态
G00	快速定位（点定位）	01	*
G01	直线插补	01	*
G02	顺时针插补圆弧	01	*
G03	逆时针插补圆弧	01	*
G04	进给暂停	00	
G20	英制输入	06	*
G21	米制输入	06	*
G22	内部行车限位有效	04	*
G23	内部行车限位无效	04	*
G27	检查参考点返回	00	
G28	自动返回原点	00	
G29	从参考点返回	00	
G30	返回第二参考点	00	
G32	切螺纹	01	
G40	取消刀尖半径补偿	07	*
G41	左刀尖半径补偿	07	*
G42	右刀尖半径补偿	07	*
G50	设定零件坐标系	00	
G70	精加工循环	00	

（续）

指令代码	功能	组别	模态
G71	外圆粗车循环	00	
G72	端面粗车循环	00	
G73	固定形状粗车循环	00	
G74	Z 向步进钻孔	00	
G75	X 向切槽	00	
G76	切螺纹循环	00	
G80	钻孔固定循环取消	10	
G83	钻孔循环	10	*
G84	攻螺纹循环	10	*
G85	正面镗孔循环	10	*
G87	侧面钻孔循环	10	*
G88	侧面攻螺纹循环	10	*
G89	侧面镗孔循环	10	*
G90	单一固定循环	01	*
G92	螺纹切削循环	01	*
G94	端面切削循环	01	*
G96	恒表面切削速度	12	*
G97	取消恒表面切削速度	12	*
G98	每分钟进给（mm/min）	05	*
G99	每转进给（mm/r）	05	*

（2）辅助功能（M 代码）　辅助功能又称为 M 代码，由字母 M 及后面的两位数字组成，这类指令用于加工时操作机床。例如表示主轴的旋转方向、启动、停止、切削液的开关等功能。

数控车床中采用的 M 代码如下：

1）M00——程序停止。系统执行该指令时，主轴的转动、进给、切削液都停止，系统保持这种状态。可以进行手动操作，如换刀、零件调头、测量零件尺寸等。重新启动机床后，系统会继续执行 M00 后面的程序。

2）M01——程序有条件停止。作用与 M00 完全相同。系统执行该指令时，必须在控制面板上按下"选择停止"键，M01 才有效，否则跳过 M01 指令，继续执行后面的程序。该指令一般用于抽查关键尺寸时使用。

3）M02——程序结束。该指令表示执行完程序内所有的指令后，主轴停止、进给停止、切削液关闭、机床处于复位状态。

4）M03——主轴正转。

5）M04——主轴反转。

6）M05——主轴停止转动。

7）M06——更换刀具。

8）M07、M08——打开 1 号、2 号切削液。

9）M09——切削液关。

10）M30——程序结束并返回程序起点。使用 M30 时，除表示 M02 的内容外，刀具还要返回到程序的起始状态，准备下一个零件的加工。

常用的 M 代码见表2-8。

表2-8 常用的 M 代码

指令代码	功能	指令代码	功能
M00	程序停止	M09	切削液关
M01	程序有条件停止	M30	程序结束并返回程序起点
M02	程序结束	M41	低档
M03	主轴正转	M42	中档
M04	主轴反转	M43	高档
M05	主轴停止转动	M98	子程序调用
M06	更换刀具	M99	子程序结束
M07、M08	切削液开		

模块3

CKA6150数控车床的操作

阐述说明

　　CKA6150 数控车床是学生进行编程与操作训练的典型设备。该车床采用 FANUC 0i Mate-TC 系统，需要了解其主要技术指标，掌握控制面板、操作面板主要功能键的功能及使用方法，掌握程序的编制及数控车床的基本操作方法。

● 项目1　数控车削的安全操作规程 ●

　　数控车床是典型的机电一体化设备，综合应用了计算机、自动控制、精密测量机械制造和数据通信等技术，为了保证产品质量及设备安全，操作者在使用数控车床前，必须了解和掌握安全操作规程。

　　1）穿戴好规定的防护用品，操作车床不许戴手套，女性操作者必须戴工作帽，长发不能露在外边，不能戴首饰及穿高跟鞋。

　　2）看懂零件图的技术要求，选择合理的装夹零件方法。

　　3）检查零件的毛坯尺寸、形状是否符合要求、有无缺陷等。

　　4）选择车削刀具，零件及刀具要准确牢固装夹。

　　5）了解及掌握车床控制和操作要领，将程序准确地输入系统，并模拟检查、试切，做好车削前的各项准备工作。

　　6）车削过程中若车床运转不正常或出现故障时，要迅速停车。不能擅自处理，检查后上报，由专业的维修人员对车床的电路及机械部分进行检测及维修。

• 项目2　CKA6150 数控车床的主要技术指标 •

CKA6150 主轴变速采用机械与变频相结合的变频技术，使主轴在低速状态下有足够的扭矩。

1. 主要技术参数（见表 3-1）

表 3-1　CKA6150 的主要技术参数

最大零件规格/mm		$\phi 500 \times 1000$
最大加工直径/mm	床身上	$\phi 500$
	刀架上	$\phi 350$
	主轴孔允许棒料的最大直径	$\phi 75$
最大加工长度/mm		900
主轴转速/r·min^{-1}	级数	三级
	范围	$25 \sim 2200$
主电动机功率		7.5kW
进给电动机功率		X 轴 0.3kW，Z 轴 0.6kW

2. 主轴转速（见表 3-2）

表 3-2　主轴转速

档内变速	转速/r·min^{-1}
低档	$25 \sim 135$
中档	$135 \sim 545$
高档	$545 \sim 2200$

• 项目3　CKA6150 数控车床的操作面板简介 •

不同机床的各种操作面板按钮位置不完全相同。

1. CRT/MDI 操作面板

CRT 显示部分和键盘如图 3-1 所示。

2. CRT/MDI 操作面板中各部分的作用

为了更好掌握各种功能键及按钮的作用，将整个操作面板分成上、下两个部分。上面部分按位置从左到右依次分为显示屏及其下方的软键区、按键区、按钮

图 3-1　FANUC 0i Mate-TC 系统的操作面板

区。下面部分从左到右依次是进给率调节旋钮、机床操作按钮、实现单步移动的手轮。

1）操作面板上面部分的左边是显示屏，显示所输入的数据。显示屏下方是软键区，如图 3-2 所示。

图 3-2　显示屏下方的软键区（属于整个面板左边部分）

软键区的作用见表 3-3。

表 3-3　软键区的作用

名称	作用
软键	可根据用途提供软键的各种功能，软键的功能在 CRT 的最下方显示
	左端的软键◀ 由软键输入各种功能时，作为最初状态（按功能按钮时的状态）而使用
	右端的软键▶ 用于本画面显示完的功能

2）操作面板上面部分中间是各功能键，数字/字母用于输入数据到输入区域，系统自动判别字母还是数字。字母和数字键通过上档键<SHIFT>切换输入，

59

例如 O↔P、7↔A，如图 3-3 所示。

图 3-3　操作面板上面部分中间的按键区

操作面板上面部分各键的名称及作用见表 3-4。

表 3-4　操作面板上面部分各键的名称及作用

序号	图片及名称	作用
1	EOB E 回车换行键	结束一行程序的输入并且换行 按下此键，在编程时输入符号";"，用于每个程序段的结束符和跳步符号 例：当输完一个程序段后按下此键，程序段的后面会出现";"结束该程序段的输入
2	POS 位置显示键	按下此键，显示屏显示当前位置的各种坐标 位置显示有三种方式，用翻页键<PAGE>选择

（续）

序号	图片及名称	作用
3	**PROG** 程序显示键	按下此键，显示屏显示程序内容与编辑页面
4	**OFFSET SETTING** 偏置量设定键	参数输入页面，按第一次进入坐标系设置页面，按第二次进入刀具补偿参数页面，用翻页键<PAGE>切换 按下此键，显示屏显示或者输入刀具偏置量和磨耗值
5	**SHIFT** 上档键	编辑程序时，用于选择上档字符
6	**CAN** 取消键	用于消除输入区内的数据，即删除输入到缓冲寄存器中的文字或符号。例如：缓冲器显示为 N0001，按下取消键<CAN>，则 N0001 被删除
7	**INPUT** 输入键	把输入区内的数据输入参数页面。既用于参数、偏置等的输入，又用于 I/O（输入/输出）设备的输入开始，还用于 MID 方式（手动数据输入方式）的指令数据的输入

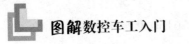

（续）

序号	图片及名称	作用
8	SYSTEM 系统参数键	按下此键，显示屏显示对系统参数的设置选项
9	MESSAGE 信息显示键	信息页面，例如显示报警号信息、显示软操作面板、显示用户提供的信息
10	CUSTOM GRAPH 图形参数设置键	按下此键进行图形显示
11	ALTER 替换键	按下此键，用输入的数据替换光标所在的数据 例如：将光标移动到需要编辑的字，输入要修改的字符后，按下此键
12	INSERT 插入键	按下此键，把输入区之中的数据插入到当前光标之后的位置 例如：输入要插入的字符后，按下此键，则在光标所在字之后，插入刚输入的字符

（续）

序号	图片及名称	作用
13	DELETE 删除键	按下此键，删除光标所在的数据；删除一个程序或者全部程序 例如：将光标放于要删除的字符上，按下此键完成删除
14	PAGE ↑ 上翻页键	顺方向翻 CRT 画面 例如：按下此键后，显示下一页的程序内容
15	PAGE ↓ 下翻页键	反方向翻 CRT 画面 例如：按下此键后，显示上一页的程序内容
16	光标移动键	↓：顺方向移动光标 ↑：反方向移动光标 →：右方向移动光标 ←：左方向移动光标
17	HELP 系统帮助键	帮助、助理
18	RESET 复位键	解除报警，CNC 复位

3）操作面板上面部分的右方是五个按钮，如图 3-4 所示。按钮的作用见表 3-5。

图 3-4 操作面板上面部分的右方的五个按钮

表 3-5 操作面板上面部分右方五个按钮的作用

序号	图片及名称	作用
1	紧急停止按钮	使机床紧急停止，断开伺服驱动器电源 按下紧急停止按钮时，CRT 显示报警，顺时针旋转按钮然后释放，报警将从 CRT 上消失 如果机床超行程，压下限位开关时，在 CRT 上也显示报警
2	系统电源打开按钮	操作系统开机

（续）

序号	图片及名称	作用
3	系统电源关闭按钮	关闭系统电源
4	空运行按钮	空运行程序
5	循环启动按钮	按下此按钮，程序运行 在 MDI（手动数据输入方式）或"AUTO"（自动运转）工作模式下按下此按钮将自动加工程序，其余时间按下无效

4）操作面板的下面部分如图 3-5 所示。

图 3-5　操作面板的下面部分

将操作面板下面部分的中间部分放大图，如图 3-6 所示。

操作面板下面部分的名称及作用见表 3-6。

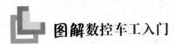

图3-6　操作面板的下面部分的中间部分放大图

表3-6　操作面板下面部分的名称及作用

序号	图片及名称	作用
1	进给率调节旋钮	调节程序运行中的进给速度
2	手轮	选择轴的移动方向。手轮顺时针转，相应的轴向正方向移动；手轮逆时针转，相应的轴向负方向移动
3	主动夹紧键	自动夹紧
4	主轴减速键	主轴减速
5	主轴加速键	主轴加速

（续）

序号	图片及名称	作用
6	主轴速度档位显示	主轴速度档位显示
7	这九个键在应用的过程中通常是组合使用的，因此放置在一起组成一个键团。这样能更好地理解和操作	完成 X 轴、Z 轴手动操作 在选择移动坐标轴后，按住箭头（光标移动键），刀架按照箭头方向以机床指定的进给速度移动 若按住箭头的同时按住快速进给键，则刀架快速移动
	X 轴方向手动进给键（-X 键、+X 键）	按下此键后，系统就收到了准备移动 X 轴的信号，再按下点动方向键，刀具按↑、↓方向移动（-X、+X）
	点动方向键（上移）	在手动方式下，按下此键，刀具向上移动（即远离操作者）
	Z 轴方向手动进给键（-Z 键、+Z 键）	按下此键后，系统就收到了准备移动 Z 轴的信号，再按下点动方向键，刀具按←、→方向移动（-Z、+Z）

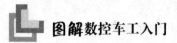
（续）

序号	图片及名称	作用
7	点动方向键（左移）	在手动方式下，按下此键，刀具向左移动（即沿-Z轴方向移动，靠近夹盘）
	快速进给键	在手动方式下，按下此键和一个坐标轴点动方向键，坐标轴以快速进给速度移动
	点动方向键（右移）	在手动方式下，按下此键，刀具向右移动（即沿+Z轴方向移动，远离夹盘）
	F1 左对角移动键	在手动方式下，按下此键和快速进给键，坐标轴以快速进给速度沿左下角对角线方向移动
	点动方向键（下移）	在手动方式下，按下此键，刀具向下移动（即沿+X轴方向移动，靠近操作者）
	F2 右对角移动键	在手动方式下，按下此键和快速进给键，坐标轴以快速进给速度沿右下角对角线方向移动
8	程序编辑键	程序编辑模式，用于检索、检查、编辑与新建加工程序

（续）

序号	图片及名称	作用
9	手动数据输入键	MDI 运行方式，即手动数据输入方式，输入程序并执行，程序为一次性的
10	自动加工模式键	自动加工模式，执行已在内存中的程序
11	手动方式键	手动方式（JOG 方式），通过 X、Z 轴方向手动进给键实现两轴的连续移动，并通过进给率调节旋钮调节连续移动的速度，还可按下快速进给键，实现快速连续移动
12	手轮模式键	手轮模式键，按下此键，键上面的灯亮，操作手轮，按手轮的坐标、方向、进给量进行移动
13	机械回零键	机械回零（机床回参考点），按下此键，可以分别进行 X、Z 轴机械回零操作
14	尾座操作键	尾座操作

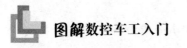

（续）

序号	图片及名称	作用
15	主轴停止键	主轴停止
16	主轴点动键	主轴点动
17	加润滑油键	加润滑油
18	解除键	当 X、Z 轴超程报警时，按住此键，同时按住复位键，就可以解除报警。若松开复位键而此键不松，就可以移动拖板
19	步距选择键	用手轮移动刀具时，通过步距选择键可以调节进给速度，选择手轮移动（步进增量方式）时每一步移动的距离 选择项对应为： ×1 为 0.001mm ×10 为 0.01mm ×100 为 0.1mm
20	X 轴选择键	按下此键，键上面的灯亮，向系统发出信号，准备使用手轮按 X 轴方向移动刀具（切削前 X 轴方向对刀）

（续）

序号	图片及名称	作用
21	Z 轴选择键	按下此键，键上面的灯亮，向系统发出信号，准备使用手轮按 Z 轴方向移动刀具（切削前 Z 轴方向对刀）
22	卡盘装夹键	液压卡盘松/紧
23	主轴反转键	在手动操作模式下，按下此键，主轴反转，同时键上面的灯亮
24	主轴正转键	在手动操作模式下，按下此键，主轴正转，同时键上面的灯亮
25	切削液开关键	按下此键，键上面的灯亮，切削液打开。再按一次，键上面的灯灭，切削液关闭
26	刀位选择键	刀位选择

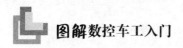

（续）

序号	图片及名称	作用
27	锁止键	按下此键，键上面的灯亮。只能运行程序，机床各轴被锁住，无运动
28	空运行键	按下此键，键上面的灯亮，机床空运行，各轴以固定的速度运动
29	跳段键	在自动加工模式下按下此键，系统进行程序段的跳读，跳过程序开头带有"/"符号的程序
30	单步执行键	单步加工，每按一次此键，执行一段程序指令
31	程序停止键	在自动加工模式下，遇有M00命令程序时停止
32	插入键	把输入区之中的数据插入到当前光标之后的位置

•项目 4　CKA6150 数控车床的操作方法•

1. 开机前机床的检查

1）进行开机前各项检查，确定没有问题后，打开机床的总电源及系统电源。

2）检查控制面板上的各指示灯是否正常，屏幕显示是否正常，各按钮开关是否处于正常状态，是否有报警显示，如有报警，系统可能发生故障，需立即检查，必要时要上报，由维修电工来进行维修。

2. 开机、回参考点

打开机床侧面的电源总开关，按系统电源打开按钮。

手动返回参考点：

1）按手动方式键。

2）按机械回零键。

3）按+X 键（或快速进给键），此时工作台以快速进给方式移向参考点，快速进给期间进给倍率有效。返回参考点后 X 轴方向手动进给键的指示灯亮。同样按+Z 键，完成 Z 轴方向返回参考点的操作。

3. 程序的建立

首先要输入程序号并存储，再输入程序字，具体操作如下：

1）按程序编辑键。

2）按<PROG>键（程序显示按键），进入程序编辑画面，如图 3-7 所示。

图 3-7　程序编辑画面

3）输入地址 "O"。

4）输入准备存储的程序号（如 O1532）。

5）按<INSERT>键，完成程序号的输入，按<EOB>键结束。

6）依次输入各程序段的字，每输入一个字后按下<INSERT>键，每输完一个程序段后，按<EOB>键结束，直至全部程序段输入完成。如果程序字输入错误，可按<CAN>键取消，连续按<CAN>键可取消多个字。

4. 程序的编辑

程序编辑包括修改、插入和删除等操作。

（1）光标移动　用<↑>或<↓>键移动光标到需要编辑的字。

（2）修改字符　输入要修改的字符后，按下<ALTER>键（替换键）。

（3）插入字符　输入要插入的字符后，按下<INSERT>键（插入键），则在光标所在字之后，插入刚输入的字符。

（4）删除字符　光标放在要删除的字符上，按下<DELETE>键（删除键），该字符被删除。

5. 程序的调用

调用存储器中已有的程序，编辑或为自动加工做准备。具体操作如下：

1）开机启动系统，根据机床的索引提示，按照显示屏幕的提示按下数值键。

2）按程序编辑键。

3）按<PROG>键。

4）输入程序号，如O1511。

5）按<↓>键。

6）程序显示，可按<PAGE+↓>、<PAGE+↑>键（翻页键），查看程序。

6. 试切对刀

（1）设置主轴转动　按手动数据输入键、按<PROG>键、输入"M03"，按<INSERT>键，输入"S600"，按<INSERT>键，再按系统电源打开按钮。

（2）X轴方向对刀

1）在JOG方式下，按下X、Z轴方向手动进给键、转动手轮使刀架靠近工件，车削外圆柱面，如图3-8所示。

2）车削后不移动X轴，摇动手轮向+Z轴方向退刀，退出足够距离后按下程序停止键，待主轴停止转动后，用测量工具（游标卡尺或千分尺）测量已切削外圆的直径，如图3-9所示。

3）按<OFFSET/SETTING>键（偏置量设定键），显示的画面如图3-10所示。用<↓>键或<↑>键移动光标到相应刀号的位置，如1号刀在T01，输入字母"X"及测量的直径数值，按<INPUT>键，完成X轴方向的对刀。

（3）Z轴方向对刀

1）在JOG方式下，按主轴正转键，使主轴转动，转动手轮使刀架靠近工件，车削工件的外端面，如图3-11所示。

图 3-8　车削工件的外圆柱面

图 3-9　测量已切削外圆的直径

图 3-10　偏置量显示

图 3-11　车削工件的外端面

2）完成车削后不移动 Z 轴，摇动手轮向 $+X$ 轴方向退刀，退出足够的距离后按下程序停止键。

3）按 < OFFSET/SETTING > 键，显示的画面如图 3-12 所示。用 < ↓ > 键或 < ↑ > 键移动光标到相应刀号的位置，如 1 号刀在 T01，输入字母 "Z" 及数值 "0"，按 < INPUT > 键，完成 Z 轴方向的对刀。

图 3-12　偏置量显示

7. 数控车床的操作

数控车床的操作分为手动方式和自动方式。

（1）手动方式

1）JOG 方式。JOG 方式也叫手动方式，在该方式下，按 X、Z 轴方向手动进给键和点动方向键：键 $+X$、$-X$、$+Z$、$-Z$，刀架按选定轴的方向运动。手动连续进给速度可使用进给率调节旋钮调节。若使用快速进给键，则刀架以快速进给速度移动。

2) 手轮进给。按手动模式键，使用手轮移动刀架。选择移动的方向（X、Z），同时选好手轮的倍率，旋转手轮移动刀架。

（2）自动运行方式　自动运行方式分为 MDI 运行方式和存储器运行方式。

1) MDI 运行方式也叫手动数据输入方式，它具有从 CRT/MDI 操作面板输入一个程序段的指令并执行该程序段的功能。按手动数据输入键，按<PROG>、<PAGE>键；输入一个程序段按<INPUT>键，按循环启动按钮。

2) 存储器运行方式。完成零件加工程序的编辑，设置好刀具的补偿值，按自动加工模式键；按循环启动按钮，指示灯亮，自动运行开始。

自动运行时要关好防护门，若发现加工异常（如刀片崩损），则按下紧急停止按钮，可使自动运行暂停（循环指示灯灭），进行刀片的更换。更换刀片后要重新对刀，从程序头开始循环。

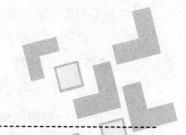

模块4

轴套类零件加工程序的编制

阐述说明

　　轴类零件是长度尺寸大于直径的旋转体零件；套类零件是带有内孔的薄壁回转体零件，主要用作轴的支撑与配合，如机械上的各种轴、轴承套、齿轮内套等。对轴套类零件的加工主要是加工内外表面、倒角、圆锥、沟槽等，加工时要选好刀具及确定切削用量，编程所使用的基本指令有G00、G01、G02、G03、G04、G71、G73、G70等。

● 项目1　阶梯轴加工的工艺知识 ●

1. 阶梯轴的车削方法

（1）低台阶车削　若阶梯直径相差较小，则将工件一次车削成形，加工线路由近到远，即 $A \rightarrow B \rightarrow C \rightarrow D \rightarrow E$，如图4-1a所示。

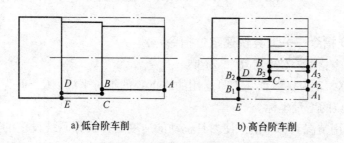

a) 低台阶车削　　　　　　b) 高台阶车削

图4-1　阶梯轴的车削方法

（2）高台阶车削 若阶梯直径相差较大，则采用分层车削。粗加工路线为 $A_1 \rightarrow B_1$、$A_2 \rightarrow B_2$、$A_3 \rightarrow B_3$，如图 4-1b 所示。

2. 编程尺寸的计算

当精加工零件轮廓的尺寸偏差较大时，编程尺寸取极限尺寸的平均值，即

$$编程尺寸 = 公称尺寸 + \frac{上极限偏差 + 下极限偏差}{2} \tag{4-1}$$

例1 如图 4-2 所示，计算 $\phi 32_{-0.025}^{0}$ mm 外圆、$\phi 18_{-0.077}^{+0.050}$ mm 外圆、$100_{-0.25}^{0}$ mm 长度及 20 ± 0.1 长度的编程尺寸。

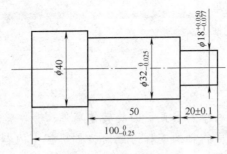

图 4-2 编程尺寸的计算

解 $\phi 32_{-0.025}^{0}$ mm 外圆的编程尺寸 $= \left[32 + \dfrac{0 + (-0.025)}{2} \right]$ mm $= 31.9875$ mm

$\phi 18_{-0.077}^{+0.050}$ mm 外圆的编程尺寸 $= \left[18 + \dfrac{0.050 + (-0.077)}{2} \right]$ mm $= 17.9865$ mm

$100_{-0.25}^{0}$ mm 长度的编程尺寸 $= \left[100 + \dfrac{0 + (-0.025)}{2} \right]$ mm $= 99.9875$ mm

20 ± 0.1 mm 长度的编程尺寸 $= \left[20 + \dfrac{(0.1) + (-0.1)}{2} \right]$ mm $= 20$ mm

• 项目2 阶梯轴加工的编程方法 •

1. G00 指令——刀具快速定位指令

（1）指令格式 G00 X(U)_Z(W)_;

其中，X、Z 为目标点（刀具运用的终点）的绝对坐标；U、W 为目标点对于刀具移动起点的增量坐标。

（2）应用情况 G00 指令使刀具移动的速度是由机床系统设定的，无须在程序段中指定，它使刀具快速接近或离开零件。刀具移动的轨迹依系统不同而有所不同，如图 4-3 所示。从 A 到 B 常见的移动轨迹有直线 AB、直角线 ACB、ADB 或

折线 *AEB*。注意刀具不能与零件或夹具发生碰撞，所以车削的快速目标点一般选在零件外，离开零件表面 1~5mm。

2. G01 指令——直线插补指令

（1）指令格式　　G01 X(*U*)_Z(*W*)_F_；

其中，X、Z 为目标点的绝对坐标；*U*、*W* 为目标点相对于直线起点的增量坐标；F 是刀具在切削路径上的进给量，根据切削要求确定。

（2）应用情况　　G00、G01 指令均属同组的模拟代码，用于完成端面、内外圆、沟槽、倒角、圆锥表面的加工。

例 2　零件（见图 4-4）粗加工后留有 1mm 精加工余量，利用直线插补指令完成精车倒角及外圆轮廓的加工程序。

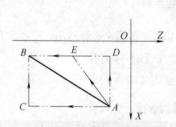
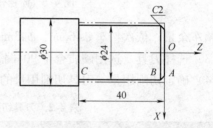

图 4-3　G00 指令下刀具的移动轨迹　　　　图 4-4　倒角及外圆的加工示例

加工端面、倒角及外圆的部分参考程序见表 4-1。

表 4-1　加工端面、倒角及外圆的部分参考程序

绝对坐标方式	增量坐标方式	说明
N30 G00 X0.0 Z2.0；	N30 G00 X0.0 Z2.0；	刀具快速移动到轴线
N40 G01 Z0.0 F0.1；	N40 G01 W-2.0 F0.1；	刀具慢速移至 *O* 点，设进给量为 0.1mm/r
N50 X20.0；	N50 U20.0；	车端面至 *A* 点
N60 X24.0 Z-2.0；	N60 U4.0 W-2.0；	车倒角到 *B* 点
N70 Z-40.0；	N70 W-38.0；	车 ϕ24mm 的外圆至 *C* 点

例 3　阶梯轴如图 4-5 所示，轴的材料为 45 钢，毛坯尺寸为 ϕ50mm×100mm，编写零件的加工程序。

（1）工艺分析　　该零件由各种外圆柱面组成，有一定的尺寸精度和表面粗糙度要求，零件材料为 45 钢，切削加工性能较好，无热处理和硬度要求。

（2）工艺过程　　用自定心卡盘夹住毛坯 ϕ50mm 外圆，外伸 80mm，找正。编程原点 *O* 为零件右端面中心，对刀。粗车 ϕ46mm、ϕ43mm、ϕ40mm 外圆，留

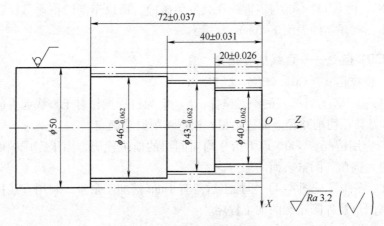

图4-5 阶梯轴的编程示例

1mm 精车余量。依次精车 $\phi46$mm、$\phi43$mm、$\phi40$mm 各段外圆及端面至要求尺寸。

（3）选择刀具 选用硬质合金90°偏刀，置于T01号刀位。

（4）确定切削用量 刀具切削用量的选择见表4-2。

表4-2 刀具切削用量的选择

加工内容	背吃刀量 a_p/mm	进给量 f/mm·r^{-1}	主轴转速 n/r·min^{-1}
粗车 $\phi46$、$\phi43$、$\phi40$ 外圆	1.5	0.3	500
精车 $\phi46$、$\phi43$、$\phi40$ 外圆	0.5	0.1	800

（5）尺寸计算

$\phi46_{-0.062}^{0}$mm 外圆的编程尺寸 $= \left[46 + \dfrac{0 + (-0.062)}{2} \right]$mm $= 45.969$mm；

同理：$\phi43$mm 外圆的编程尺寸 $= 42.969$mm；

$\phi40$mm 外圆的编程尺寸 $= 39.969$mm。

20 ± 0.026 长度的编程尺寸 $= \left[20 + \dfrac{0.026 + (-0.026)}{2} \right]$mm $= 20$mm；

同理：40 ± 0.031、72 ± 0.037 长度的编程尺寸均为原值。

（6）车削阶梯轴的参考程序见表4-3。

表4-3 车削阶梯轴的参考程序

程序段号	程序内容	说明
N10	G97 G99 G21 M03 S500；	设主轴正转，转速为500r/min
N20	T0101；	用90°偏刀，于T01刀位

（续）

程序段号	程序内容	说明
N30	M08;	切削液开
N40	G00 X47.0 Z2.0;	快速进刀，准备粗车φ46mm外圆
N50	G01 Z-72.0 F0.3;	粗车φ46mm外圆，设进给量为0.3mm/r
N60	G00 X48.0 Z2.0;	快速退刀
N70	X44.0;	快速进刀，准备粗车φ43mm外圆
N80	G01 Z-40.0;	粗车φ43mm外圆
N90	G00 X45.0 Z2.0;	快速退刀
N100	X41.0;	快速进刀，准备粗车φ40mm外圆
N110	G01 Z-20.0;	粗车φ40mm外圆
N120	G00 X42.0 Z2.0;	快速退刀
N130	X39.969 S800;	快速进刀，设主轴转速为800r/min，准备精车φ40mm外圆
N140	G01 Z-20.0 F0.1;	精车φ40mm外圆至要求尺寸，设进给量为0.1mm/r
N150	X42.969;	精车φ43mm外圆
N160	Z-40.0;	精车φ43mm外圆至要求尺寸
N170	X45.969;	精车φ46mm外圆
N180	Z-72.0;	精车φ46mm外圆至要求尺寸
N190	X50.0;	精车φ50mm外圆右端面至要求尺寸
N200	G00 X200.0 Z100.0;	快速退刀，回换刀点
N210	M30;	程序结束

● 项目3 沟槽加工程序的编制 ●

1. 沟槽的加工

沟槽根据宽度分为宽槽和窄槽两种。窄槽的宽度
不大，采用刀头宽度等于槽宽的车刀，一次车出的沟
槽称为窄槽；大于刀头宽度的槽称为宽槽。

1）槽的加工。加工窄槽用 G01 指令直进切削。
当精度要求较高时，车槽至尺寸后，用 G04 指令使刀
具在槽底停留几秒，以光整槽底，如图4-6所示。

2）加工宽槽要分几次进刀，每次车削轨迹在宽
度上应略有重叠，并要留精加工余量，最后精车槽侧

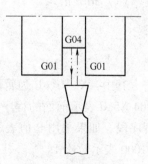

图4-6 窄槽的加工

和槽底，如图 4-7 所示。

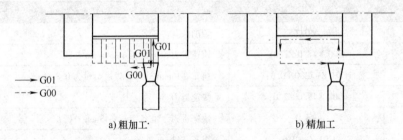

a) 粗加工   b) 精加工

图 4-7　宽槽的加工

3）刀位点的确定及退刀。沟槽刀有左刀尖、右刀尖及中心处三个刀位点，如图 4-8 所示，编写程序时要用其中之一作刀位点，一般常用刀位点 1。

车槽的刀刃宽度、切削速度和进给量都不宜太大。需合理安排车槽后的退刀路线，避免刀具与零件碰撞，造成车刀及零件的损坏，如图 4-9 所示。

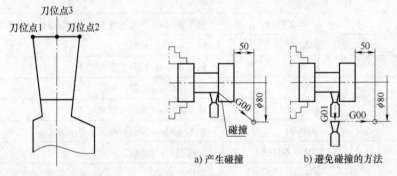

图 4-8　沟槽刀的刀位点   图 4-9　槽形零件产生碰撞示例

2. G04 指令——进给暂停指令

执行该指令后进给暂停至指定时间，时间到后，继续执行下一段程序。

（1）指令格式

G04 X _ ;

G04 U _ ;

G04 P _ ;

其中，X、U、P 为暂停时间。X、U 后面可用带小数点的数，单位为 s。例如 G04 X5.0 表示前面的程序执行完后，要经过 5s 的进给暂停后，才能执行下面的程序段。如果采用 P 值表示，那么 P 后面不允许用小数点，单位为 ms。例如 G04 P1000 表示暂停 1s。

（2）应用情况　车槽、锪孔时刀具相对零件做短时间的无进给光整加工，以降低表面粗糙度值。

例 4　窄槽的加工。

编写零件的加工程序（见图 4-10），毛坯尺寸为 $\phi65\text{mm}\times90\text{mm}$，材料为 45 钢。

（1）工艺分析　该零件的表面粗糙度要求较高，应分粗、精加工。精加工时，应加大主轴转速，减小进给量，以保证表面粗糙度的要求。

（2）加工过程　装夹找正后对刀，设置编程原点 O 在零件右端面中心，粗车外圆，车右倒角，精车外圆，换刀后车槽，车左倒角，车断。

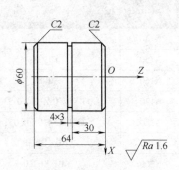

图 4-10　窄槽加工示例

（3）选择刀具及确定切削用量　准备偏刀及切刀各一把，90°偏刀，用于粗、精加工零件外圆、端面和右倒角，刀尖半径 $R=0.4\text{mm}$，刀尖方位 $T=3$，置于 T01 刀位。

以切刀左刀尖为刀位点，用于加工槽、左倒角及车断，置于 T03 刀位。

$$\text{切削用量}\begin{cases}\text{粗车外圆：} a_p=2\text{mm}，f=0.25\text{mm/r}，n=500\text{r/min}\\ \text{精车外圆：} a_p=0.5\text{mm}，f=0.15\text{mm/r}，n=800\text{r/min}\\ \text{车槽、车断：} a_p=4\text{mm}，f=0.05\text{mm/r}，n=300\text{r/min}\end{cases}$$

（4）车削窄槽的参考程序　见表 4-4。

表 4-4　车削窄槽的参考程序

程序号：O4001		
程序段号	程序内容	说明
N010	G40 G97 G99 M03 S500；	取消刀具补偿，设主轴正转，转速为 500r/min
N020	T0101；	用 90°偏刀
N030	M08；	切削液开
N040	G42 G00 X61.0 Z2.0；	设刀具右补偿，快速进刀，准备粗车 $\phi60\text{mm}$ 外圆
N050	G01 Z-68.0 F0.25；	粗车 $\phi60\text{mm}$ 外圆，设进给量为 0.25mm/r
N060	G00 X62.0 Z2.0；	快速退刀
N070	X0.0；	快速进刀
N080	G01 Z0.0 F0.15；	慢速进刀，准备车端面，设进给量为 0.15mm/r
N090	X56.0；	车端面
N100	X60.0 Z-2.0；	车右倒角
N110	Z-68.0 S800；	精车 $\phi60\text{mm}$ 外圆，设主轴转速为 800r/min
N120	G40 G01 X65.0；	取消刀具补偿
N130	G00 X200.0 Z100.0；	快速退刀到换刀点

(续)

程序段号	程序内容	说明
程序号：O4001		
N140	M09;	切削液关
N150	T0303;	换车刀
N160	M08;	切削液开
N170	G00 X62.0 Z-34.0 S300;	快速进刀，准备车槽，设主轴转速为300r/min
N180	G01 X54.0 F0.05;	车槽到槽底，设进给量为0.05mm/r
N190	G04 U2.0;	进给暂停2s
N200	G01 X62.0;	退刀
N210	G00 Z-68.0;	移刀
N220	G01 X56.0;	车槽
N230	X62.0;	退刀
N240	G00 W2.0;	移刀，准备切倒角
N250	G01 X60.0;	慢速进刀
N260	X56.0 Z-68.0;	车左倒角
N270	X0.0;	车断
N280	G00 X200.0 Z100.0;	快速回换刀点
N290	M30;	程序结束

例5 宽槽的加工。

编写零件的加工程序（见图4-11），毛坯尺寸为65mm×100mm，材料为45钢。

1）工艺分析。该零件表面粗糙度值要求较低，应分粗、精加工。精加工时主轴高转速，减小进给量，以保证表面粗糙度的要求。

2）加工过程。装夹后对刀，粗车、精车各外圆，换刀车宽槽，车断。

3）选择刀具及确定切削用量。选硬质合金90°偏刀，加工各外圆、端面，刀尖半径 $R = 0.4$mm，刀尖方位 $T = 3$，置于T01刀位。选硬质合金切刀（刀宽为4mm），以左刀尖为刀位点，用于加工槽、车断，置于T03刀位。

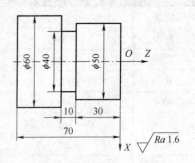

图4-11 宽槽加工示例

$$\text{切削用量}\begin{cases}\text{粗车外圆}: a_p = 2.5\text{mm}, f = 0.25\text{mm/r}, n = 300\text{r/min}\\\text{精车外圆}: a_p = 0.5\text{mm}, f = 0.15\text{mm/r}, n = 800\text{r/min}\\\text{车槽、车断}: a_p = 4\text{mm}, f = 0.05\text{mm/r}, n = 350\text{r/min}\end{cases}$$

4）车削宽槽的参考程序见表4-5。

表4-5 车削宽槽的参考程序

程序段号	程序内容	说明
	程序号：O4002	
N010	G40 G97 G99 M03 S300；	取消刀具补偿，设主轴正转，转速为300r/min
N020	T0101；	换90°偏刀至01号刀位
N030	M08；	切削液开
N040	G42 G00 X61.0 Z2.0；	设刀具右补偿，快速进刀，准备粗车φ60mm外圆
N050	G01 Z-75.0 F0.25；	粗车φ60mm外圆，设进给量为0.25mm/r
N060	G00 X62.0 Z2.0；	快速退刀
N070	X56.0；	快速进刀，准备粗车φ50mm外圆第一刀
N080	G01 Z-40.0；	粗车φ50mm外圆第一刀
N090	G00 X58.0 Z2.0；	快速退刀
N100	X51.0；	快速进刀，准备粗车φ50mm外圆第二刀
N110	G01 Z-40.0；	粗车φ50mm外圆第二刀
N120	G00 X53.0 Z2.0；	快速退刀
N130	X50.0 S800；	快速进刀，准备精车φ50mm外圆，转速为800r/min
N140	G01 Z-40.0 F0.15；	精车φ50mm外圆至要求尺寸，设进给量为0.15mm/r
N150	X60.0；	精车φ60mm端面
N160	Z-70.0；	精车φ60mm外圆至要求尺寸
N170	G40 G01 X61.0；	取消刀具补偿
N180	G00 X200.0 Z100.0；	快速退刀至换刀点
N190	M09；	切削液关
N200	T0303；	换车刀
N210	M08；	切削液开
N220	G00 X52.0 Z-34.0 S350；	快速进刀，准备车槽，转速为350r/min
N230	G01 X40.0 F0.05；	粗车槽第一刀，设进给量为0.05mm/r
N240	X52.0；	退刀
N250	G00 Z-37.0；	移刀
N260	G01 X40.0；	粗车槽第二刀
N270	X62.0；	退刀
N280	G00 Z-40.0；	移刀
N290	G01 X40.0；	粗车槽第三刀
N300	Z-34.0；	精车槽底

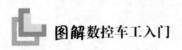

（续）

程序号：O4002		
程序段号	程序内容	说明
N310	X52.0;	精车槽侧边
N320	G00 X62.0;	快速退刀
N330	Z-74.0;	移刀，准备车断
N340	G01 X0.0;	车断
N350	G00 X200.0 Z100.0;	快速退刀至换刀点
N360	M30;	程序结束

• 项目4 套类零件加工程序的编制 •

例6 编写零件的加工程序（见图4-12），棒料毛坯材料为45钢，尺寸为$\phi 65mm \times 80mm$。

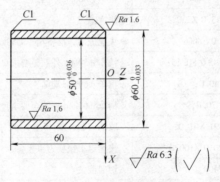

图4-12 通孔加工示例

（1）工艺分析 该零件有外圆、倒角、通孔等，其中$\phi 60mm$外圆、$\phi 50mm$内孔的表面粗糙度及尺寸精度要求较高，应分粗、精加工。因通孔直径为$\phi 50mm$，可用钻孔→粗镗孔→精镗孔的方式加工。用一次装夹完成零件各表面的加工。

（2）计算 编程尺寸=公称尺寸+$\dfrac{上极限偏差+极限偏差}{2}$

$\phi 60mm$外圆的编程尺寸$=59.9835mm \approx 59.984mm$；

$\phi 50mm$内孔的编程尺寸$=50.018mm$。

（3）加工过程 对刀后，设置编程原点O在零件右端面中心。钻中心孔，用$\phi 47mm$钻头手动钻内孔；换镗刀，镗$\phi 50mm$孔至要求尺寸；粗、精车$\phi 60mm$外圆、右倒角；换车刀，车左倒角，车断。

（4）选择刀具 ϕ47mm 钻头置于尾座；选通孔镗刀，刀尖半径 $R = 0.4$mm，刀尖方位 $T = 2$，置于 T02 刀位；选 90°偏刀，加工倒角及外圆，刀尖半径 $R = 0.4$mm，刀尖方位 $T = 3$，置于 T01 刀位；选车刀（刀宽为 4mm），用于加工左倒角及车断，左刀尖为刀位点，置于 T03 刀位。

（5）确定切削用量 镗孔刀杆较细，应选用较小的进给量。

$$切削用量\begin{cases}粗车外圆：a_p = 2mm，f = 0.25mm/r，n = 500r/min \\ 精车外圆：a_p = 0.25mm，f = 0.1mm/r，n = 800r/min \\ 粗镗孔：a_p = 1mm，f = 0.2mm/r，n = 500r/min \\ 精镗孔：a_p = 0.5mm，f = 0.1mm/r，n = 800r/min \\ 车槽、车断：a_p = 4mm，f = 0.05mm/r，n = 350r/min\end{cases}$$

（6）车削通孔的参考程序见表 4-6。

表 4-6 车削通孔的参考程序

程序号：O4003		
程序段号	程序内容	说明
N010	G40 G97 G99M03 S500;	取消刀具补偿，设主轴正转，转速为 500r/min
N020	T0202;	换通孔镗刀
N030	M08;	切削液开
N040	G41 G00 X49.0 Z2.0;	设刀具左补偿，快速进刀，准备粗车 ϕ50mm 孔
N050	G01 Z-65.0 F0.2;	粗车 ϕ50mm 孔，设进给量为 0.2mm/r
N060	G00 X47.0 Z2.0;	快速退刀
N070	X50.018 S800;	快速进刀，转速为 800r/min，准备精车孔
N080	G01 Z-65.0 F0.1;	精车孔，设进给量为 0.1mm/r
N090	G40 G01 X47.0;	取消刀具补偿
N100	G00 Z2.0;	快速退刀
N110	X200.0 Z100.0;	回换刀点
N120	M09;	切削液关
N130	T0101;	换 90°偏刀
N140	M08;	切削液开
N150	G42 G00 X61.0 Z2.0;	设置刀具右补偿，快速进刀，准备粗车 ϕ60mm 外圆
N160	G01 Z-65.0 F0.25;	粗车 ϕ60mm 外圆，设进给量为 0.25mm/r
N170	G00 X62.0 Z2.0;	快速退刀
N180	X50.0 S800;	快速进刀，主轴转速为 800r/min，准备倒角
N190	G01 Z0.0 F0.1;	慢进刀到端面，进给量为 0.1mm/r 准备倒角

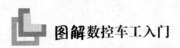
(续)

程序号：O4003		
程序段号	程序内容	说明
N200	X57.984；	精车ϕ60mm 外圆
N210	X59.984 Z-1.0；	
N220	Z-65.0；	
N230		
N240	G40 G01 X65.0；	取消刀具半径补偿
N250	G00 X200.0 Z100.0；	快速退刀至换刀点
N260	M09；	切削液关
N270	T0303；	换镗刀
N280	M08；	切削液开
N290	G00 X62.0 Z-64.0 S350；	快速进刀，主轴转速为 350r/min，准备车槽
N300	G01 X58.0 F0.05；	车槽，进给量为 0.05mm/r
N310	X62.0；	退刀
N320	G00 W1.0；	移刀，用增量编程方式
N330	G01 X59.984；	慢速进刀，准备车左倒角
N340	X57.984 Z-64.0；	车左倒角
N350	X48.0；	车断
N360	G00 X200.0 Z100.0；	快速退刀至换刀点
N370	M30	程序结束

例7 编写零件的加工程序（见图 4-13）。棒料毛坯材料为 45 钢，尺寸为 ϕ50mm×65mm。

（1）工艺分析 零件有外圆、阶梯孔和内、外倒角，表面粗糙度的要求较高，应分粗、精加工。孔的最小尺寸为 30mm，用钻孔→粗镗孔→精镗孔的方式加工。其中 ϕ35mm、ϕ30mm 有尺寸精度要求，取极限尺寸的平均值进行加工。棒料较长，用一次装夹完成零件各表面的加工。

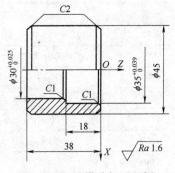

图 4-13 阶梯孔加工示例

（2）计算 编程尺寸=公称尺寸$+\dfrac{上极限偏差+极限偏差}{2}$

ϕ30mm 外圆的编程尺寸 = 30.0125mm ≈ 30.013mm；

ϕ35mm 外圆的编程尺寸 = 35.0195mm ≈ 35.02mm。

（3）确定加工工艺　用自定心卡盘装夹，棒料外伸 50mm。设置编程原点 O 在零件右端面中心，手动钻中心孔，钻内孔；粗、精镗阶梯孔；换 90°偏刀对外圆粗、精车，倒角；换车刀，车左外倒角，车断。

（4）选择刀具　选 A 型 $\phi3mm$ 中心钻头，$\phi28mm$ 钻头置于尾座；选 90°偏刀加工外圆及倒角，刀尖半径 $R=0.4mm$，刀尖方位 $T=3$，置于 T01 刀位；选不通孔镗刀加工阶梯孔内及内倒角，刀尖半径 $R=0.4mm$，刀尖方位 $T=2$，置于 T02 刀位；选车刀（刀宽为 4mm），车左倒角、切断，置于 T03 刀位。

（5）确定切削用量　镗内孔因镗孔刀杆较细，应选用较小的进给量。

$$
切削用量\begin{cases}
粗车外圆：a_p=2mm，f=0.25mm/r，n=500r/min\\
精车外圆：a_p=0.5mm，f=0.1mm/r，n=800r/min\\
外倒角：a_p=2mm，f=0.1mm/r，n=500r/min\\
粗镗孔：a_p=(1.5/1)mm，f=0.15mm/r，n=500r/min\\
内倒角：a_p=1mm，f=0.1mm/r，n=500r/min\\
精镗孔：a_p=0.5mm，f=0.1mm/r，n=800r/min\\
车断：a_p=4mm，f=0.05mm/r，n=350r/min
\end{cases}
$$

（6）车削宽槽的参考程序见表 4-7

表 4-7　车削宽槽的参考程序

程序号：O4004		
程序段号	程序内容	说明
N010	G40 G97 G99 M03 S500;	取消刀具补偿，设主轴正转，转速为 500r/min
N020	T0202;	换镗刀
N030	M08;	切削液开
N040	G41 G00 X28.0 Z2.0 S500;	设刀具左补偿，快速进刀，准备进刀至粗镗 $\phi35mm$ 内孔循环起点，转速为 500r/min，准备粗镗内孔
N050	G90 X31.0 Z-18.0 F0.15;	粗镗 $\phi35mm$ 内孔，切削循环第一次，切削量为 1.5mm，设进给量为 0.15mm/r
N060	X34.0 Z-18.0;	粗镗 $\phi35mm$ 内孔，切削循环第二次，切削量为 1.5mm
N070	G00 X29.0;	快速进刀，准备粗镗 $\phi30mm$ 内孔
N080	G01 Z-42.0;	粗镗 $\phi30mm$ 内孔
N090	G00 X28.0 Z2.0 S800;	快速退刀，设主轴转速为 800r/min
N100	G00 X37.2;	快速进刀，准备车内倒角
N110	G01 Z0.0;	慢速进刀至端面，准备车内倒角
N120	X35.02 Z-1.0;	车内倒角

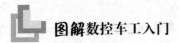
(续)

程序号：O4004		
程序段号	程序内容	说明
N130	Z-18.0 F0.1;	精镗 ϕ35mm 内孔，设进给量为 0.1mm/r
N140	X32.013;	精镗 ϕ35mm 孔端面
N150	X30.013 W-1.0;	车内倒角
N160	Z-42.0;	精镗 ϕ30mm 内孔
N170	G00 X28.0 Z2.0;	快速退刀
N180	G40 X200.0 Z100.0;	取消刀具补偿，快速进刀至换刀点
N190	M09;	关闭切削液
N200	T0101;	换 90° 偏刀
N210	M08;	打开切削液
N220	G42 G00 X46.0 Z2.0;	设置刀具右补偿，快速进刀，准备粗车 ϕ45mm 外圆
N230	G01 Z-42.0 F0.25;	粗车 ϕ45mm 外圆，设进给量为 0.25mm/r
N240	G00 X48.0 Z-2.0;	快速退刀
N250	X41.0;	快速进刀，准备倒角
N260	G01 Z0.0 F1.0;	慢速进刀至端面，准备倒角
N270	X45.0 Z-2.0 S800;	倒角，设转速为 800r/min，准备精车外圆
N280	Z-42.0;	精车 ϕ45mm 外圆，设进给量为 0.1mm/r
N290	G40 G00 X200.0 Z100.0;	取消刀具补偿，快速退刀至换刀点
N300	M09;	关闭切削液
N310	T0303;	换切刀
N320	M08;	打开切削液
N330	G00 X47.0 Z-42.0 S350;	快速进刀，设转速为 350r/min 准备切槽
N340	G01 X41.0 F0.05;	切槽，设进给量为 0.05mm/r
N350	X47.0;	退刀
N360	G00 W2.0;	移刀，采用增量编程方式，准备车左倒角
N370	G01 X45.0;	慢速进刀，准备车左倒角
N380	X41.0 Z-42.0;	车左倒角
N390	X28.0 G00;	切断
N400	X200 Z100;	快速退刀至换刀点
N410	M30;	程序结束

例8 编写零件的加工程序（见图 4-14），棒料毛坯材料为 45 钢，尺寸为 ϕ55mm×40mm。

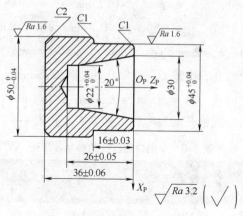

图 4-14　内圆锥孔加工示例

（1）工艺分析　该零件有外圆柱面、圆锥面阶梯孔、倒角等，对表面粗糙度的要求较高，应分粗、精加工。孔的最小尺寸为 $\phi22\text{mm}$，用钻孔→粗镗孔→精镗孔的方式加工。内孔、外圆均有尺寸精度要求，用外圆定位，由于毛坯较短需调头装夹零件完成加工。

（2）计算

$\phi50\text{mm}$ 外圆的编程尺寸 = 49.98mm；

$\phi45\text{mm}$ 外圆的编程尺寸 = 45.02mm；

$\phi22\text{mm}$ 内圆柱孔的编程尺寸 = 22.02mm。

内锥孔长度：

已知：$D = 30\text{mm}$，$d = 22.02\text{mm}$，$\alpha = 20°$，$\tan\dfrac{\alpha}{2} = \dfrac{D-d}{2L}$

则 $L = \dfrac{D-d}{2\tan\dfrac{\alpha}{2}} = \left(\dfrac{30-22.02}{2\tan10°}\right)\text{mm} = 22.63\text{mm}$

（3）确定加工工艺　用自定心卡盘装夹，棒料外伸 25mm；对刀后设置编程原点。粗、精车 $\phi50\text{mm}$ 外圆并倒角。调头后用自定心卡盘垫纯铜片夹持 $\phi50\text{mm}$ 外圆处，外伸 22mm，找正夹紧。手动车端面至定长，对刀；手动钻中心孔及内孔；粗、精车 $\phi45\text{mm}$ 外圆、倒角；换不通孔镗刀，粗、精镗内锥面及 $\phi22\text{mm}$ 内孔。

（4）选择刀具及确定切削用量　选 A 型 $\phi3\text{mm}$ 中心钻头、$\phi20\text{mm}$ 钻头，置于尾座；选硬质合金 90° 偏刀加工外圆、端面、倒角，刀尖半径 $R = 0.4\text{mm}$，刀尖方位 $T = 3$，置于 T01 刀位。选硬质合金不通孔镗刀加工孔，刀尖半径 $R = 0.4\text{mm}$，刀尖方位 $T = 2$，置于 T02 刀位。

$$切削用量 \begin{cases} 粗车外圆 & a_p \leq 2mm, \ f=0.25mm/r, \ n=500r/min \\ 精车外圆 & a_p=0.5mm, \ f=0.1mm/r, \ n=800r/min \\ 倒角 & a_p=2mm, \ f=0.1mm/r, \ n=500r/min \\ 粗镗内孔、内锥面 & a_p \leq 1mm, \ f=0.15mm/r, \ n=500r/min \\ 精镗内孔、内锥面 & a_p=0.5mm, \ f=0.1mm/r, \ n=800r/min \end{cases}$$

(5) 编程 车削内圆锥孔的参考程序见表4-8和表4-9。

表4-8 车削内圆锥孔的参考程序一

程序号: O4005 (夹右边,加工左边程序)		
程序段号	程序内容	说明
N010	G40 G97 G99 M03 S500;	取消刀具补偿,设主轴正转,转速为500r/min
N020	T0101;	换90°偏刀
N030	M08;	切削液开
N040	G42 G00 X51.0 Z2.0;	设刀具右补偿,快速进刀,准备进刀粗车 ϕ51mm 外圆
N050	G01 Z-20.0 F0.25;	粗车 ϕ50mm 外圆至 ϕ51mm,设进给量为0.25mm/r
N060	G00 X53.0 Z2.0;	快速退刀
N070	X45.98 S800;	快速进刀,准备车倒角,转速为800r/min
N080	G01 Z0.0;	慢速进刀至端面,准备车倒角
N090	X49.98 Z-2.0 F0.1;	车倒角,准备精车外圆,设进给量为0.1mm/r
N100	Z-20.0;	精车 ϕ50mm 外圆
N110	G40 G01 X55.0;	取消刀具补偿
N120	M09;	切削液关
N130	G00 X200.0 Z100.0;	快速退刀至换刀点
N140	M30;	程序结束

表4-9 车削内圆锥孔的参考程序二

程序号: O4006 (调头,夹左边,加工右边程序)		
程序段号	程序内容	说明
N010	G40 G97 G99 M03 S500;	取消刀具补偿,设主轴正转,转速为500r/min
N020	T0101;	换90°偏刀
N030	M08;	切削液开
N040	G42 G00 X55.0 Z2.0;	设刀具右补偿,快速进刀,至粗车 ϕ45mm 外圆循环起点
N050	G90 X52.0 Z-16.0 F0.25;	循环粗车 ϕ45mm 外圆第一次,切削量为1.5mm,设进给量为0.25mm/r

（续）

程序号：O4006（调头，夹左边，加工右边程序）		
程序段号	程序内容	说明
N060	X49.0;	循环粗车 φ45mm 外圆第二次，切削量为 1.5mm
N070	X46.0;	循环粗车 φ45mm 外圆第三次，切削量为 1.5mm
N080	G00 X43.02 Z2.0;	快速进刀，准备车外倒角
N090	G01 Z0.0;	慢速进刀至端面，准备车外倒角
N100	X45.02 Z-1.0 F0.1;	车外倒角，设进给量为 0.1mm/r
N110	Z-16.0 S800;	精车 φ45mm 外圆，转速为 800r/min
N120	X47.98;	车端面
N130	X49.98 W-1.0;	车倒角
N140	G40 G01 X55.0;	取消刀具半径补偿
N150	G00 X200.0 Z100.0;	快速退刀至换刀点
N160	M09;	切削液关
N170	T0202;	换镗刀
N180	M08;	切削液开
N190	G41 G00 X18.0 Z2.0 S500 F0.15;	设置刀具左补偿，快速进刀至循环起点
N200	G71 U1.0 R0.5;	定义粗车循环
N210	G71 P220 Q270 U-0.5 W0.05;	精车路线由 N220~N270 指定，X 轴方向精车余量为 0.5mm，Z 轴方向精车余量为 0.05mm
N220	G00 X30.0 S800;	
N230	G01 Z0.0 F0.1;	
N240	X22.02 Z-21.92;	精加工轮廓
N250	Z-26.0;	
N260	X15.0;	
N270	G40 X14.0 Z2.0;	
N280	G70 P220 Q270;	定义 G70 精车循环
N290	G40 G00 X200.0 Z100.0;	取消刀具补偿，快速退刀至换刀点
N300	M30;	程序结束

例9 如图 4-15 所示零件材料为 45 钢，棒料毛坯尺寸为 φ40mm×180mm，数量为 4 件，编写零件的加工程序。

（1）工艺分析　该零件有外圆、孔、内窄沟槽及内、外倒角等加工表面，表

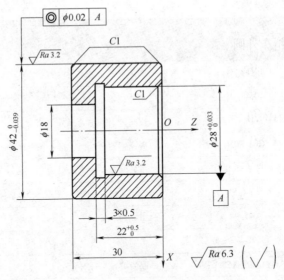

图4-15　内沟槽加工示例

面粗糙度的要求较高,应分粗、精加工。因最小孔尺寸为 $\phi18$mm,且 $\phi28$mm 内孔的尺寸精度要求高,可用钻孔→粗镗孔→精镗孔的加工方式加工。由于内外表面有同轴度要求,采用一次装夹车断方式完成加工。

(2) 计算

$$计算编程尺寸 = 公称尺寸 + \frac{上极限偏差 + 极限偏差}{2}$$

$\phi42$mm 外圆的编程尺寸 $= 41.9805$mm ≈ 41.981mm;

$\phi28$mm 外圆的编程尺寸 $= 28.0165$mm ≈ 28.017mm;

$\phi22$mm 长度的编程尺寸 $= 22.25$mm。

(3) 确定加工工艺　用自定心卡盘装夹,外伸40mm;对刀,设置编程原点;手动钻中心孔,换 $\phi18$mm 麻花钻钻内孔;用90°偏刀粗、精车外圆及右倒角;换镗刀,粗、精镗内孔、内倒角;换内孔车刀,车内沟槽;换车刀,车左倒角、车断;重新装夹,外伸40mm,重复操作,完成另外三个工件的加工。

(4) 选择刀具　选 A 型 $\phi3$mm 中心钻头、$\phi18$mm 钻头分别置于尾座;选硬质合金90°偏刀加工外圆、端面、倒角,刀尖半径 $R=0.4$mm,刀尖方位 $T=3$,置于 T01 刀位;选硬质合金不通孔镗刀镗孔、孔底、内倒角,刀尖半径 $R=0.4$mm,刀尖方位 $T=2$,置于 T02 刀位;选硬质合金内孔车刀(刀宽为3mm)车内槽,以左刀尖为刀位点置于 T04 刀位;选硬质合金车刀(刀宽为4mm)车断,以左刀尖为刀位点置于 T03 刀位。

（5）确定切削用量

$$切削用量\begin{cases} 粗车外圆 & a_p = 2\text{mm}, \ f = 0.25\text{mm/r}, \ n = 500\text{r/min} \\ 精车外圆 & a_p = 0.5\text{mm}, \ f = 0.1\text{mm/r}, \ n = 800\text{r/min} \\ 外倒角 & a_p = 2\text{mm}, \ f = 0.1\text{mm/r}, \ n = 500\text{r/min} \\ 粗镗孔 & a_p = 1\text{mm}, \ f = 0.15\text{mm/r}, \ n = 500\text{r/min} \\ 内倒角 & a_p = 1\text{mm}, \ f = 0.1\text{mm/r}, \ n = 500\text{r/min} \\ 精镗孔 & a_p = 0.5\text{mm}, \ f = 0.1\text{mm/r}, \ n = 800\text{r/min} \\ 车内沟槽、车断 & a_p = (3/4)\text{mm}, \ f = 0.05\text{mm/r}, \ n = 300\text{r/min} \end{cases}$$

（6）编程 车削内沟槽的参考程序见表 4-10。

表 4-10 车削内沟槽的参考程序

程序段号	程序内容	说明
程序号：O4007		
N010	G40 G97 G99 M03 S500;	取消刀具补偿，设主轴正转，转速为 500r/min
N020	T0101;	换 90° 偏刀
N030	M08;	切削液开
N040	G42 G00 X43.0 Z2.0;	设刀具右补偿，快速进刀，准备粗车 ϕ42mm 外圆
N050	G01 Z-35.0 F0.25;	粗车 ϕ42mm 外圆，设进给量为 0.25mm/r
N060	G00 X45.0 Z2.0;	快速退刀
N070	X39.981;	快速进刀，准备倒角
N080	G01 Z0.0;	慢速进刀至端面，准备倒角
N090	X41.981 Z-1.0 F0.1;	倒角，设进给量为 0.1mm/r 准备精车外圆
N100	Z-35.0 S800;	精车 ϕ50mm 外圆，转速为 800r/min
N110	G40 G00 X200.0 Z100.0;	取消刀具半径补偿，快速退刀至换刀点
N120	M09;	切削液关
N125	M01;	程序有条件停止
N130	T0202;	换镗刀
N140	M08;	切削液开
N150	G41 G00 X18.0 M03 S500;	快速进刀，转速为 500r/min
N160	Z2.0 F0.15;	设进给量为 0.15mm/r，准备粗镗 ϕ42mm 内孔
N170	G71 U1.0 R0.5;	定义粗车循环，切削深度为 1mm，退刀量为 0.5mm

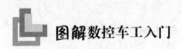图解数控车工入门

（续）

程序号：O4007		
程序段号	程序内容	说明
N180	G71 P190 Q240 U-0.5 W0.05；	
N190	G00 X30.017 S800；	
N200	G01 Z0.0 F0.1；	
N210	X28.017 Z-1.0；	精车路线由 N190~N220 指定，X 轴方向精车余量为 0.5mm，Z 轴方向精车余量为 0.05mm
N220	Z-22.25；	
N230	X18.0；	
N240	G00 Z2.0；	
N250	G70 P190 Q240；	定义 G70 精车循环，精车内孔表面
N260	G40 G00 X200.0 Z100.0；	取消刀具补偿，快速退刀至换刀点
N270	M09；	切削液关
N280	T0404；	换车刀
N290	M08；	切削液开
N300	G00 X16.0 Z2.0；	快速进刀
N310	Z-22.25 S300；	快速进刀，准备切槽，主轴转速为 300r/min
N320	G01 X29.017 F0.05；	车槽第一刀，设进给量为 0.05mm/r
N330	G04 X2.0；	进给暂停 2s
N340	G00 X26.0；	退刀
N350	G00 Z2.0；	退刀
N360	G00 X200.0 Z100.0；	快速退刀至换刀点
N370	M09；	切削液关
N380	T0303；	换车刀
N390	M08；	切削液开
N400	G00 X44.0 Z-34.0；	快速进刀
N410	G01 X39.981 F0.05；	车槽
N420	G00 X44.0；	退刀
N430	W1.0；	移刀
N440	G01 X41.981；	慢速进刀至外圆表面，准备车倒角
N450	X39.981 Z-34.0；	车倒角
N460	X18.0；	车断
N470	G00 X200.0 Z100.0；	快速退刀至换刀点
N480	M30；	程序结束

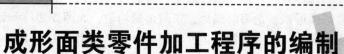

模块5

成形面类零件加工程序的编制

阐述说明

　　具有曲线轮廓的旋转体表面称为成形面，又称特型面。成形面由一段或多段圆弧组成，按圆弧的形状可分为凸圆弧和凹圆弧。车工在普通车床上用成形刀或双手同时操作来完成加工，在数控车床上通过控制圆弧的插补指令G02、G03进行加工。

• 项目1　成形面加工的工艺知识 •

1. 成形面的车削方法

　　成形面分粗加工和精加工两个阶段完成。车削圆弧不同于车削圆锥、圆柱面，圆弧加工的切削用量不均匀，背吃刀量大。要考虑加工路线和切削方法，在背吃刀量均匀的情况下，减少走刀次数。

　　（1）凸圆弧表面　通常采用斜线法和同心圆法加工，如图5-1所示。

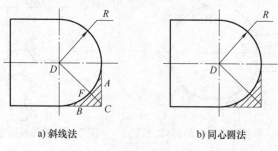

a) 斜线法　　　　　　　　　b) 同心圆法

图5-1　凸圆弧表面的车削方法

1）斜线法。又称为车锥法，即用车削圆锥的方法切削圆弧毛坯余量，如图 5-1a 所示。刀尖不能超过 *AB* 两点的连线，否则会损失圆弧表面。

2）同心圆法。又称车圆法，即用不同的半径切除毛坯的余量。车刀空行程的时间较长，如图 5-1b 所示。

（2）凹圆弧表面　凹圆弧表面的加工方法有四种，如图 5-2 所示。

1）等径圆弧形式。计算及编程简单，但走刀路线长，如图 5-2a 所示。

2）同心圆弧形式。走刀路线短，车削余量均匀，如图 5-2b 所示。

3）梯形形式。切削力分布均匀，切削效率高，如图 5-2c 所示。

4）三角形形式。走刀路线比同心圆弧形式长，比梯形形式、等径圆弧形式短，如图 5-2d 所示。

a) 等径圆弧形式　　　b) 同心圆弧形式　　　c) 梯形形式　　　d) 三角形形式

图 5-2　凹圆弧表面的车削方式

2. 切削用量的选择

成形面粗加工时切削力不均匀，进给速度较低。背吃刀量比车削外圆柱面及圆锥面要小，粗加工时取 $a_p = 1 \sim 1.5 \mathrm{mm}$，精加工时取 $a_p = 0.2 \sim 0.5 \mathrm{mm}$。

3. 刀具的选择

采用尖形车刀或圆弧形车刀加工成形面。

1）若成形面的要求不高，选用尖形车刀切削圆弧，车刀的副偏角要合理，防止副切削刃与已加工圆弧面产生干涉（图 5-3 中 *P* 点）。

2）圆弧形车刀切削刃上的每一点都是车刀的刀尖，刀位点在圆弧的圆心上，加工精度及表面质量比尖形车刀高。切削刃的圆弧半径要小于或等于零件凹形轮廓上的最小曲率半径，以免发生加工干涉，用于加工圆弧半径较小的零件；使用 G01 直线插补指令用直线法加工，如图 5-4 所示。

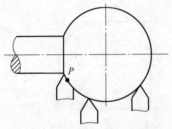

图 5-3　用尖形车刀切削圆弧

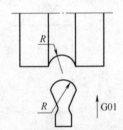

图 5-4　用圆弧形车刀切削圆弧

•项目2　成形面加工的编程方法•

1. 判断加工圆弧的顺、逆方向

图 5-5 所示的零件中 AC 段由 AB 和 BC 两部分圆弧组成，编程之前要正确判断圆弧的顺、逆方向。

在数控车床上车削圆弧，使用圆弧插补指令 G02/G03 时，对圆弧顺、逆方向的判断按右手坐标系确定：沿圆弧所在平面（XOZ 平面）的垂直坐标轴的负方向（-Y）看去，顺时针方向为 G02，逆时针方向为 G03（凸圆弧 G03，凹圆弧 G02）。

根据上述的判断方法，AB 段圆弧使用 G02 指令，BC 段圆弧使用 G03 指令。

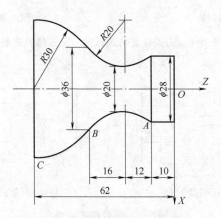

图 5-5　圆弧顺、逆方向判断

2. 刀架位置与圆弧顺、逆方向的关系

通常根据刀架相对于操作者的方位确定 X 轴的正方向，刀架在操作者同侧，如图 5-6a 所示；刀架在操作者对面，如图 5-6b 所示。由此来选择 G02、G03 指令。

3. G02/G03 的指令格式

（1）功能　G02、G03 是圆弧顺、逆时针方向的插补指令（零件上的凸圆弧用 G03，凹圆弧用 G02）。

在数控车床上加工圆弧时，要正确判断圆弧的顺、逆方向，选择 G02、G03 指令，确定圆弧的终点坐标，而且要确定圆弧中心的位置。通常采用两种格式。一种是用圆弧半径 R 指定圆心位置；另一种是用圆心相对圆弧起点的增量坐标（I、K）指定圆心位置，如图 5-7 所示。

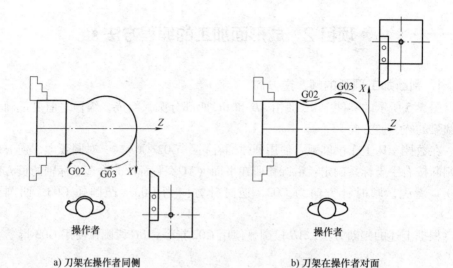

a) 刀架在操作者同侧   b) 刀架在操作者对面

图 5-6 刀架位置与圆弧顺、逆方向的关系

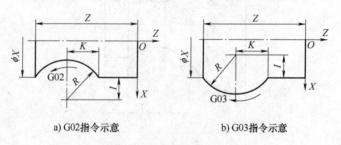

a) G02指令示意   b) G03指令示意

图 5-7 指令格式示意

（2）格式一 用圆弧半径 R 指定圆心位置，即

G02 X(U)＿Z(W)＿R＿F＿；

G03 X(U)＿Z(W)＿R＿F＿；

（3）格式二 用I、K指定圆心位置，即

G02 X(U)＿Z(W)＿I＿K＿F＿；

G03 X(U)＿Z(W)＿I＿K＿F＿；

其中，X、Z为圆弧终点的绝对坐标，用直径编程时，X为实际坐标值的两倍；U、W为圆弧终点相对于圆弧起点的增量坐标；R为圆弧半径；I、K为圆心相对于圆弧起点的增量值，用直径编程时I值为圆心相对于圆弧起点的增量值的两倍，当I、K与坐标轴方向相反时，I、K为负值，圆心坐标在圆弧插补时不能省略；F为进给量。

    例 工件的图样及尺寸如图 5-8 所示，计算坐标值，分别采用半径及圆心

（绝对坐标及增量坐标）对 AB、BC 段圆弧编程。要计算的各点坐标见表 5-1。

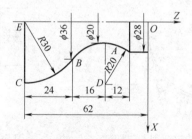

图 5-8　各点坐标

表 5-1　各点坐标

坐标	点						
	A	B	C	圆心 D	圆心 E	AB 圆弧增量值	BC 圆弧增量值
X（直径）	28	36	60	60	0	I =（60−28）mm =32mm	I =（0−36）mm =−36mm
Z	−10	−38	−62	−22	−62	K =−12mm	K =−24mm

格式一编程：

AB 段圆弧：G02 X36 Z−38 R20 F0.1；

BC 段圆弧：G03 X60 Z−62 R30 F0.1；

格式二编程：

AB 段圆弧：G02 X36 Z−38 I32 K−12 F0.1；

BC 段圆弧：G03 X60 Z−62 I−36 K−24 F0.1；

4. G40/G41/G42 指令在成形面加工中的应用

1）刀尖半径在成形面加工中产生的过切削或欠切削。

数控车削加工时以刀尖为对刀点，当车削圆弧时，由于刀尖半径的存在而产生过切削或欠切削的现象，如图 5-9 所示。

具有刀尖半径补偿功能的数控系统可防止这种现象的产生，编制零件的加工程序时，以假想刀尖位置按零件轮廓编程，使用刀尖半径补偿指令 G41/G42，由系统自动产生补偿值，生成刀具路径，完成对零件的加工，如图 5-10 所示。

2）采用刀尖半径补偿指令编程的步骤如下：

选择圆弧车刀，刀具号为 T03，刀尖圆弧半径 $R = 2$mm，刀尖方位 $T = 2$，进入刀具补偿系统输入半径值 2。

用刀尖半径补偿指令后，系统自动计算刀尖轨迹，按刀尖圆弧中心轨迹运动，刀尖半径补偿的部分参考程序见表 5-2。

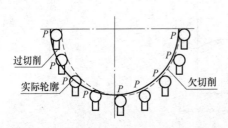

图 5-9　车削圆弧时产生的过切削和欠切削

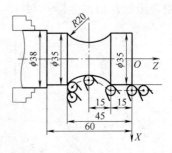

图 5-10　刀尖半径补偿示例

表 5-2　刀尖半径补偿的部分参考程序

程序段号	程序内容	说明
N0060	G00 G42 X35 Z2;	快速定位，右刀尖半径补偿
N0070	Z-15;	车削外圆
N0080	G02 X35 Z-45 R20;	车削圆弧
N0090	Z-60;	车削外圆
N0100	X35;	退刀
N0110	G40 G00 X40;	退刀，取消刀尖半径补偿

• 项目 3　成形面加工程序的编制 •

常见的工件成形面类型有凸圆弧面、凹圆弧面、内圆弧面、凸凹圆弧过渡面等。对成形面车削时采用的方法基本相同，分析图样，确定装夹方案、加工路线、零件坐标系及各点坐标，选择刀具及切削用量，编制加工程序。

1. 凸圆弧面加工程序的编制

图 5-11 所示零件，材料为 45 钢，毛坯尺寸为 $\phi45mm \times 75mm$，编制加工程序。

（1）工艺分析　该零件由外圆柱面和凸圆弧面组成，尺寸精度及表面粗糙度要求不高。

（2）加工路线　循环粗车去除毛坯，精车轮廓。

（3）各点坐标　根据图 5-11 中各点尺寸及位置，计算出图 5-12 所示的零件各点坐标值，见表 5-3。

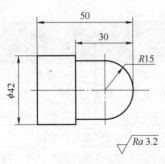

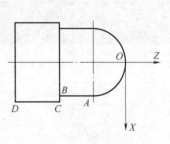

图 5-11 凸圆弧面加工示例   图 5-12 各点坐标

表 5-3 各点坐标

坐标	点				
	O	*A*	*B*	*C*	*D*
X（直径）	0	30	30	42	42
Z	0	-15	-30	-30	-50

（4）选择刀具 硬质合金 90°偏刀，置于 T01 号刀位，刀尖半径 $R=0.4\text{mm}$。

（5）切削用量 粗车选用较大背吃刀量及进给量，选用较低的转速，精车则相反。车削凸圆弧面切削用量见表 5-4。

表 5-4 车削凸圆弧面切削用量

加工内容	背吃刀量/mm	进给量/mm·r⁻¹	主轴转速/r·min⁻¹
粗车外圆及圆弧	1.5	0.2	500
精车外圆及圆弧	0.25	0.12	800

（6）编程 车削凸圆弧面参考程序见表 5-5。

表 5-5 车削凸圆弧面的参考程序

程序号：O5001		
程序段号	程序内容	说明
N10	G40 G97 G99 M03 S500 F0.2;	取消刀具补偿，设主轴正转，转速为 500r/min，进给量为 0.2mm/r
N20	T0101;	换偏刀
N30	M08;	切削液开
N40	G00 X45.0 Z2.0;	快速定位到循环起点
N50	G71 U1.5 R0.5;	定义外圆粗车循环路线，背吃刀量为 1.5mm，退刀量为 0.5mm

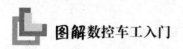

（续）

程序号：O5001		
程序段号	程序内容	说明
N60	G71 P70 Q140 U0.5 W0.05;	精车路线为 N70～N140 指定，X 轴方向精车余量为 0.5mm，Z 轴方向精车余量为 0.05mm
N70	G00 G42 X0.0 S800;	设置刀具右补偿，快速进刀，转速为 800r/min，准备精车
N80	G01 Z0.0 F0.1;	慢速进刀至端面，设进给量为 0.1mm/r
N90	G03 X30.0 Z-15.0 R15.0;	逆时针精车圆弧，由 O 点车削至 A 点
N100	G01 Z-30.0;	精车 φ30mm 圆柱面至 B 点
N110	X42.0;	精车端面至 C 点
N120	Z-50.0;	精车 φ42mm 圆柱面至 D 点
N130	X45.0;	沿 X 轴方向退刀
N140	G40 G00 X46.0;	取消刀具补偿
N150	G70 P70 Q140;	G70 精加工外轮廓
N160	G00 X200.0 Z100.0;	快速返回退刀点
N170	M30;	程序结束并返回起点

2. 凹圆弧面加工程序的编制

图 5-13 所示零件，材料为 45 钢，毛坯尺寸为 φ45mm×80mm，编制加工程序。

（1）工艺分析　该零件加工表面有外圆、圆弧、倒角等。需要对各表面粗、精加工。

（2）加工路线　粗车、精车 φ40mm 外圆，车右端面倒角。采用同心圆形式分两次粗车圆弧，留精车余量 0.5mm，精车 R25mm 圆弧至要求尺寸。车削左端面倒角并车断。

（3）标注零件的特殊点　如图 5-14 所示计算各点的坐标值，各点坐标见表 5-6。

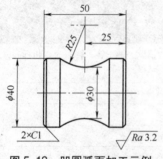

图 5-13　凹圆弧面加工示例

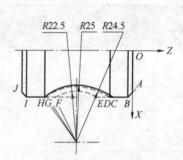

图 5-14　各点坐标

表5-6　各点坐标

坐标	点									
	A	B	C	D	E	F	G	H	I	J
X（直径）	38	40	40	40	40	40	40	40	40	38
Z	0	-1	-10	-10.85	-14.69	-35.3	-39.15	-40	-49	-50

（4）选择夹具及刀具

夹具：零件采用自定心卡盘，一次装夹，加工完成后车断。

刀具：选90°偏刀，置于T01刀位，刀尖半径 $R = 0.4mm$，用于外圆和右倒角的粗、精加工。选60°尖刀，刀尖半径 $R = 0.2mm$，置于T02刀位，用于车削圆弧。选刀宽为4mm的切刀，以左刀尖为刀位点，置于T03刀位，车削工件的左倒角及切断。

（5）选择切削用量　选用的切削用量见表5-7。

表5-7　切削用量

加工内容	背吃刀量 a_p/mm	进给量 f/mm · r^{-1}	主轴转速 n/r · min^{-1}
粗车外圆	2	0.25	500
精车外圆	0.5	0.15	800
粗车圆弧	2	0.2	500
精车圆弧	0.5	0.1	800
车槽、车断	4	0.05	300

（6）编程　车削凹圆弧面的参考程序见表5-8。

表5-8　车削凹圆弧面的参考程序

程序号：O5002		
程序段号	程序内容	说明
N10	G40 G97 G99 M03 S500 F0.25；	取消刀具补偿，设主轴正转，转速为500r/min、进给量为0.25mm/r
N20	T0101；	换90°偏刀
N30	M08；	切削液开
N40	G42 G00 X41.0 Z2.0；	设置刀具补偿，快速定位到起点
N50	G01 Z-54.0；	切削进给，粗车外圆
N60	G00 X46.0；	退刀
N70	Z1.0；	快速进刀
N80	X38.0；	

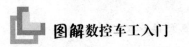

（续）

	程序号：O5002	
程序段号	程序内容	说明
N90	G01 Z0.0 S800;	进刀，设主轴转速为800r/min
N100	G01 X40.0 Z-1.0;	倒角
N110	Z-54.0 F0.15;	精车外圆，进给量为0.15mm/r
N120	G00 G40 X200.0 Z100.0;	返回换刀点
N130	M09;	切削液关
N135	M05;	主轴停转
N140	T0202;	换60°尖刀
N150	M03 S500;	主轴正转，转速为500r/min
N160	M08;	切削液开
N170	G00 G42 X41.0 Z-14.69;	快速进刀，设置刀具补偿
N180	G01 X40.0;	进刀至E点
N190	G02 X40.0 Z-35.3 R22.5;	粗车圆弧至F点
N200	G01 X41.0;	退刀
N210	G00 Z-10.85;	快速退刀
N220	G01 X40.0;	进刀至D点
N230	G02 X40.0 Z-39.15 R24.5;	粗车圆弧至G点
N240	G01 X41.0;	退刀
N250	G00 Z-10.0;	快速退刀
N260	G01 X40.0 S800;	进刀至C点，主轴转速为800r/min
N270	G02 X40.0 Z-40.0 R25.0 F0.1;	精车圆弧至H点，进给量为0.1mm/r
N275	G00 G40 X200.0 Z100.0;	取消刀具补偿，快速返回至换刀点
N280	M09;	切削液关
N285	M05;	主轴停转
N290	T03;	换T03切槽刀
N300	M03 S300 F0.05;	主轴正转，转速为300r/min，进给量为0.05mm/r
N310	M08;	切削液开
N320	G00 X41.0 Z-54.0;	快速进刀
N330	G01 X38.0;	车槽
N340	G00 X41.0;	退刀
N350	Z-53.0;	移刀
N360	G01 X40.0;	进刀至I点

（续）

程序号：O5002		
程序段号	程序内容	说明
N370	X38.0 Z-54.0;	车削左侧倒角
N380	G01 X0.0;	车断
N390	G00 X200.0;	快速退刀
N400	Z100.0;	快速返回换刀点
N410	M30;	程序结束

3. 内圆弧面加工程序的编制

图 5-15 所示零件，材料为铝棒，毛坯直径为 $\phi65mm$，编制加工程序。

（1）工艺分析 该零件加工表面有外圆柱面、孔和内圆弧面，对表面粗糙度有一定要求。需要对各表面粗、精加工。

（2）加工路线 手动车右端面，钻中心孔，钻 $\phi18mm$ 孔。粗车、精车 $\phi60mm$ 外圆。利用循环指令粗车内圆弧及孔。车断，留 0.5mm。调头，平端面。

（3）标注零件的特殊点 如图 5-16 所示计算各点的坐标值，各点坐标见表 5-9。

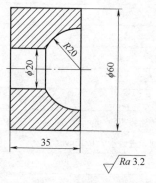

图 5-15 内圆弧面加工示例

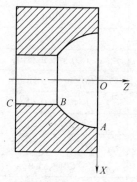

图 5-16 各点坐标

表 5-9 各点坐标

坐标	点		
	A	B	C
X（直径）	40	20	20
Z	0	-17.32	-35

（4）选择刀具 选硬质合金 90°偏刀，置于 T01 刀位，刀尖半径 $R=0.4mm$，

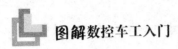

用于外圆和端面的粗、精加工。选硬质合金内孔镗刀,用于加工内孔及内圆弧,刀尖半径 $R=0.4$mm,置于 T02 刀位。选刀宽为 4mm 的硬质合金切刀,以左刀尖为刀位点,置于 T03 刀位。

(5) 选择切削用量　选择的切削用量见表 5-10。

表 5-10　切削用量

加工内容	背吃刀量 a_p/mm	进给量 f/mm·r^{-1}	主轴转速 n/r·min^{-1}
粗车外圆	2	0.25	500
精车外圆	0.5	0.15	800
粗车内孔圆弧	2	0.2	500
精车内孔圆弧	0.25	0.1	800
车槽、车断	4	0.05	300

(6) 编程　车削内圆弧面的参考程序见表 5-11。

表 5-11　车削内圆弧面的参考程序

程序号:O5003		
程序段号	程序内容	说明
N10	G40 G97 G99 M03 S500;	取消刀具补偿,设主轴正转,转速为 500r/min
N20	T0101;	换 90°偏刀于 T01 刀位
N30	M08;	切削液开
N40	G00 X61.0 Z2.0;	快速进刀
N50	G01 Z-39.5 F0.25;	粗车外圆
N60	G00 X65.0 Z2.0;	退刀
N70	X60.0 S800;	进刀,转速为 800r/min
N80	G01 Z-39.5 F0.15;	精车外圆,进给量为 0.15mm/r
N90	G01 X65.0;	退刀
N100	G00 X200.0 Z100.0;	快速返回换刀点
N110	M09;	关切削液
N120	T0202;	换内孔镗刀
N130	M03 S500 F0.2;	主轴正转,转速为 500r/min,进给量为 0.2mm/r
N140	M08;	切削液开
N150	G00 X18.0 Z2.0;	快速进刀,定位到循环起点
N160	G71 U2.0 R0.5;	定义粗车循环,背吃刀量为 2mm,退刀量为 0.5mm
N170	G71 P190 Q240 U-0.5 W0.05;	精车路线为 N190～N240 指定,X 轴方向精车余量为 0.5mm,Z 轴方向精车余量为 0.05mm

（续）

程序号：O5003		
程序段号	程序内容	说明
N180	G00 G41 X40.0 S800;	设置刀具左补偿，快速进刀
N190	G01 Z0.0 F0.1;	精加工轮廓
N200	G03 X20.0 Z−17.32 R20;	精加工轮廓
N210	G01 Z−39.5;	
N220	X18.0;	
N230	G40 G00 X17.0;	取消刀具补偿
N240	G70 P190 Q240;	精车循环加工内轮廓
N250	G00 X200.0 Z100.0;	快速返回换刀点
N260	M09;	关切削液
N270	T0303;	换车刀
N280	M03 S300 F0.05;	主轴正转，转速为 300r/min，进给量为 0.05mm/r
N290	M08;	切削液开
N300	G00 X62.0 Z2.0;	快速进刀
N310	Z−39.5;	快速进刀
N320	G01 X19.0;	车断
N330	G00 X200.0;	退刀
N340	Z100.0;	返回换刀点
N350	M30;	程序结束

4. 凸凹圆弧过渡面加工程序的编制

图 5-17 所示零件，材料为 45 钢，毛坯尺寸为 $\phi45mm\times100mm$，编制加工程序。

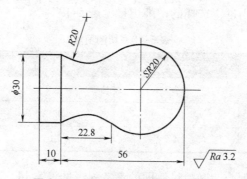

图 5-17　凸凹圆弧过渡面加工示例

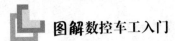

（1）工艺分析　该零件加工表面有外圆柱面、顺时针圆弧和逆时针圆弧面，对表面粗糙度和尺寸精度要求不高。零件材料为 45 钢，切削加工性能较好，无热处理和硬度要求，采用自定心卡盘装夹。

（2）加工路线　粗车外圆柱面、圆弧面，粗车后留 0.5mm 的精车余量；精车圆弧、外圆至图样要求尺寸。

（3）标注零件的特殊点　如图 5-18 所示计算各点的坐标值，各点坐标见表 5-12。

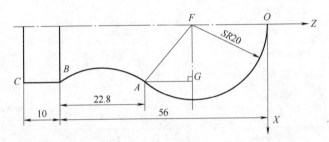

图 5-18　各点坐标

表 5-12　各点坐标

坐标	点			
	O	*A*	*B*	*C*
X（直径）	0	30	30	30
Z	0	−33.2	−56	−66

（4）选择刀具　选硬质合金 90°偏刀，置于 T01 刀位，刀尖半径 $R = 0.8$mm，用于粗加工外圆柱面和圆弧面。选硬质合金 93°尖刀，用于精加工外圆柱面和圆弧面。刀尖半径 $R = 0.2$mm，置于 T02 刀位。选刀宽为 4mm 的硬质合金切刀，以左刀尖为刀位点，用于车断，置于 T03 刀位。

（5）选择切削用量　选择的切削用量见表 5-13。

表 5-13　切削用量

加工内容	背吃刀量 a_p/mm	进给量 f/mm·r^{-1}	主轴转速 n/r·min^{-1}
粗车外圆及圆弧	2	0.2	500
精车外圆及圆弧	0.5	0.12	800
车槽、车断	4	0.05	300

（6）编程　车削凸凹圆弧过渡面的参考程序见表 5-14。

表 5- 14　车削凸凹圆弧过渡面的参考程序

程序段号	程序内容	说明
	程序号：O5004	
N10	G40 G97 G99 M03 S500 F0. 2；	取消刀具补偿，设主轴正转，转速为 500r/min，进给量为 0.2mm/r
N20	T0101；	换 90°偏刀于 T01 刀位
N30	M08；	切削液开
N40	G00 G42 X45. 0 Z2. 0；	快速进刀，定位到循环起点，设置刀具右补偿
N50	G73 U22. 5 W0 R10；	定义 G73 粗车循环，X 轴方向的总退刀量为 22.5mm，Z 轴方向的退刀量为 0mm，循环 10 次
N60	G73 P70 Q130 U0. 5 W0. 05；	精车路线为 N70~N130 指定，X 轴方向的总退刀量为 0.5mm，Z 轴方向的退刀量为 0.05mm
N70	G00 X0. 0；	精加工轮廓
N80	G01 Z0. 0；	
N90	G03 X30. 0 Z-33. 2 R20. 0；	
N100	G02 X30. 0；	
N110	Z-56. 0 R20. 0；	
N120	G01 Z-70. 0；	
N130	X45. 0；	
N140	G40 G00 X46. 0；	取消刀具补偿
N150	G00 X100. 0 Z100. 0；	快速返回换刀点
N160	M09；	关切削液
N170	T0202；	换精车刀
N180	M03 S800 F0. 1；	主轴正转，转速为 800r/min，进给量为 0.1mm/r
N190	M08；	切削液开
N200	G00 X45. 0 Z2. 0；	快速进刀至循环起点
N210	G70 P70 Q130；	精车循环加工外轮廓
N220	G00 X100. 0 Z100. 0；	快速返回换刀点
N230	M09；	关切削液
N240	T0303；	换 3 号切刀
N250	M03 S300 F0. 05；	主轴正转，转速为 300r/min，进给量为 0.05mm/r
N260	M08；	切削液开
N270	G00 X45. 0 Z-70. 0；	快速进刀
N280	G01 X0. 0；	车断
N290	G00 X200. 0；	快速退刀
N300	Z100. 0；	快速返回换刀点
N310	M30；	程序结束

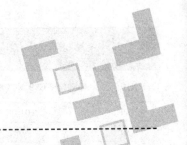

模块6

螺纹加工程序的编制

阐述说明

机械产品中带有螺纹的零件很多，常见的是轴上的三角形外螺纹和轴套的三角形内螺纹。在普通车床上操作者要双手同时操作来完成加工，在数控机床上通过程序控制螺纹指令 G32、G92 和 G76 进行加工。

• 项目1 螺纹加工的工艺知识 •

1. 螺纹加工的基础知识

沿轴线剖切的平面内，螺纹轮廓的形状称为螺纹的牙型。常用的螺纹牙型有三角形、梯形、锯齿形、矩形等。生产中常用的螺纹牙型如图 6-1 所示。

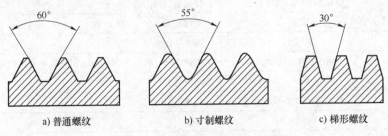

a) 普通螺纹   b) 寸制螺纹   c) 梯形螺纹

图 6-1　生产中常用的螺纹牙型

牙型角 α 指在螺纹牙型上相邻两牙侧间的夹角。普通螺纹牙型角为 60°，寸制螺纹牙型角为 55°，梯形螺纹牙型角为 30°。

2. 普通螺纹牙型的参数

如图 6-2 所示,在三角形螺纹的理论牙型中,D 是内螺纹大径(公称直径),d 是外螺纹大径(公称直径),D_2 是内螺纹中径,d_2 是外螺纹中径;D_1 是内螺纹小径,d_1 是外螺纹小径,P 是螺距,H 是螺纹三角形的高度。

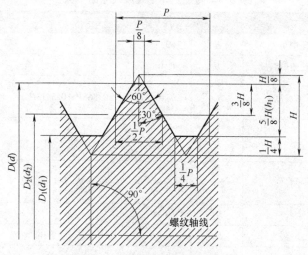

图 6-2 三角形螺纹的理论牙型

公称直径(d 或 D)指螺纹大径的基本尺寸。螺纹大径(d 或 D)也称外螺纹顶径或内螺纹底径。

螺纹小径(d_1 或 D_1)也称外螺纹底径或内螺纹顶径。

螺纹中径(d_2 或 D_2)是一个假想圆柱的直径,该圆柱剖切面牙型的沟槽和凸起宽度相等。同规格的外螺纹中径 d_2 和内螺纹中径 D_2 的公称尺寸相等。

螺距(P)是螺纹上相邻两牙在中径上对应点间的轴向距离。

导程(P_h)是一条螺旋线上相邻两牙在中径上对应点间的轴向距离。

理论牙型高度(h_1)是在螺纹牙型上牙顶到牙底之间垂直于螺纹轴线的距离。

普通三角形螺纹尺寸的计算见表 6-1。

3. 外圆柱面的直径及螺纹实际小径的确定

1)车削轴外螺纹时,要计算实际车削时外圆柱面的直径 $d_{计}$ 及螺纹的实际小径 $d_{1计}$。

车削螺纹时,零件材料受车刀挤压而使大径胀大,大径要比螺纹的公称直径小 $0.2 \sim 0.4$mm,一般取 $d_{计} = d - 0.1P$。

2)普通螺纹的牙型如图 6-3 所示。螺纹三角形的高度 $H = 0.866P$、$h_{1计} = H -$

$2\left(\dfrac{H}{6}\right)=\dfrac{2H}{3}=0.613P$（考虑螺纹车刀刀尖半径 r 的影响，实际生产中长取 $h_{1计}=0.65P$）。

3）螺纹的实际小径 $d_{1计}=d-2h_{1计}=d-1.3P$。

表 6-1 普通三角形螺纹尺寸的计算　　　　　　（单位：mm）

	名称	代号	计算公式
外螺纹	牙型角	α	$60°$
	原始三角形高度	H	$H=0.866P$
	牙型高度	h_1	$h_1=\dfrac{5}{8}H=\dfrac{5}{8}\times0.866P\approx0.5413P$
	中径	d_2	$d_2=d-2\times\dfrac{3}{8}H=d-0.6495P$
	小径	d_1	$d_1=d-2h_1=d-2\times\dfrac{5}{8}H=d-1.0825P$
内螺纹	中径	D_2	$D_2=d_2$
	小径	D_1	$D_1=d_1$
	大径	D	$D=d=$公称直径
	螺纹升角	ϕ	$\tan\phi=\dfrac{nP}{\pi d_2}$

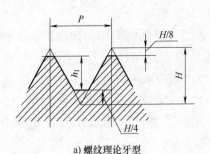 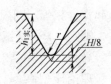

a) 螺纹理论牙型　　　　b) 牙底倒圆 H/6 的牙型　　　　c) 牙底倒圆 H/8 的牙型

图 6-3　普通螺纹的牙型

例 1　车削如图 6-4 所示零件中的 M30×2 外螺纹，材料为 45 钢，计算车削时外圆柱面的直径 $d_计$ 及螺纹的实际小径 $d_{1计}$。

解： $d_计=d-0.1P=(30-0.1\times2)\mathrm{mm}=29.8\mathrm{mm}$（由外圆精车 G70 或 G01 保证）

螺纹的实际牙型高度 $h_{1计}=0.65P=(0.65\times2)\mathrm{mm}=1.3\mathrm{mm}$

螺纹的实际小径 $d_{1计}=d-1.3P=(30-1.3\times2)\mathrm{mm}=27.4\mathrm{mm}$

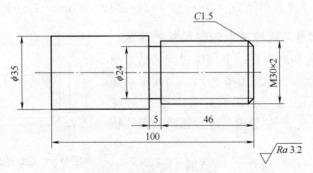

图 6-4　M30×2 外螺纹

4. 内螺纹的底孔直径 $D_{1计}$ 及内螺纹的实际大径 $D_{计}$ 的确定

车削轴内螺纹时，要计算实际车削时内螺纹的底孔直径 $D_{1计}$ 及内螺纹的实际大径 $D_{计}$。

车削内螺纹时，零件内孔受车刀挤压而缩小，所以车削内螺纹的底孔直径应大于螺纹小径，一般车削内螺纹的底孔直径为

$$D_{1计}=D-P \quad (适用于钢和塑性材料)$$
$$D_{1计}=D-(1.05\sim1.1)P \quad (用于铸铁及脆性材料)$$

内螺纹的实际牙型高度同外螺纹，即 $h_{1实}=0.65P$，内螺纹的实际大径 $D_{计}=D$，内螺纹的小径 $D_1=D-1.3P$。

例 2　车削如图 6-5 所示零件中的 M24×1.5 内螺纹，零件的材料为 45 钢，计算车削内螺纹的底孔直径 $D_{1计}$ 及内螺纹的实际大径 $D_{计}$。

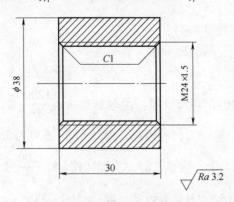

图 6-5　M24×1.5 内螺纹

解： $D_{1计}=D-P=(24-1.5)\text{mm}=22.5\text{mm}$

螺纹的实际牙型高度 $h_{1实}=0.65P=(0.65×1.5)\text{mm}=0.975\text{mm}$

内螺纹的实际大径 $D_{计}=D=24\text{mm}$

内螺纹的小径 $D_1 = D - 1.3P = (24 - 1.3 \times 1.5)\,\text{mm} = 22.05\,\text{mm}$

5. 螺纹起点与螺纹终点轴向尺寸的确定

车削螺纹起始时需要一个加速过程，结束前需要一个减速过程，如图6-6所示。因此车削螺纹时，两端必须设置足够的升速进刀段 δ_1 和减速退刀段 δ_2。δ_1、δ_2 的数值与螺纹螺距和螺纹精度有关。

在实际生产中，通常 δ_1 的值取 $2 \sim 5\,\text{mm}$，大螺距和高精度的螺纹取大值；δ_2 的数值要小于退刀槽宽度，一般取 $1 \sim 3\,\text{mm}$。当螺纹收尾处没有退刀槽时，收尾处的形状与数控系统有关，一般按45°退刀收尾。

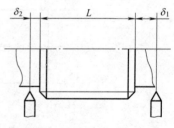

图6-6　螺纹的进刀和退刀

当加工图6-4中 M30×2 外螺纹时，根据螺距和螺纹精度，δ_1 的值取 $4\,\text{mm}$；根据图样中退刀槽的宽度，取 δ_2 为 $2\,\text{mm}$。

加工图6-5中 M24×1.5 内螺纹时，根据螺距和螺纹精度，δ_1 的值取 $3\,\text{mm}$；δ_2 为 $2\,\text{mm}$。

6. 切削用量的选用

（1）主轴转速 n　在数控车床上加工螺纹，主轴转速受数控系统、螺纹导程、刀具、零件尺寸和材料等多种因素的影响，可根据实际情况选择转速。用经济型数控车床车削螺纹时，主轴转速为

$$n \leqslant \frac{1200}{P} - k$$

式中　P——零件的螺距（mm）；

　　　k——保险系数，一般取80；

　　　n——主轴转速（r/min）。

加工图6-4中 M30×2 外螺纹时，主轴转速 $n \leqslant \dfrac{1200}{P} - k = \left(\dfrac{1200}{2} - 80\right)\text{r/min} = 520\,\text{r/min}$。根据零件材料、刀具等因素，取 $n = 400 \sim 500\,\text{r/min}$。

加工图6-5中 M24×1.5 内螺纹时，主轴转速 $n \leqslant \dfrac{1200}{P} - k = \left(\dfrac{1200}{1.5} - 80\right)\text{r/min} = 720\,\text{r/min}$。根据零件材料、刀具等因素，取 $n = 500 \sim 700\,\text{r/min}$。

（2）背吃刀量 a_p

1）进刀方法的选择。在数控车床上加工螺纹时进刀方法通常有直进法、斜进法。当螺距 $P < 3\,\text{mm}$ 时，一般用直进法；当螺距 $P \geqslant 3\,\text{mm}$ 时，一般用斜进法，如图6-7所示。

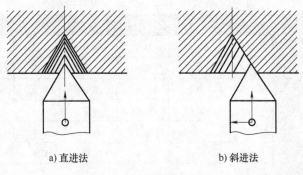

a) 直进法   b) 斜进法

图 6-7 螺纹切削进刀方法

2) 背吃刀量的选用及分配。加工螺纹时,当单边切削总深度等于螺纹实际牙型高度时,一般取 $h_{1实} = 0.65P$。车削时,后一刀的背吃刀量要小于前一刀,即要递减分配背吃刀量,否则会因切削面积增加、切削力过大而损坏刀具。但为了减小螺纹表面粗糙度值,用硬质合金螺纹车刀时,最后一刀的背吃刀量不能小于 0.1mm。

如图 6-8 所示,$\dfrac{t_1}{2} > \dfrac{t_2}{2} > \dfrac{t_3}{2} > \dfrac{t_4}{2}$;$\dfrac{t_4}{2} > 0.1$mm。

$t_1 > t_2 > \cdots > t_{最后}$;$t_{最后} > 0.2$mm。

$$a_p = 2t$$

$$\frac{t_1}{2} + \frac{t_2}{2} + \cdots + \frac{t_{最后}}{2} = h_{1实}$$

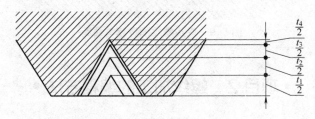

图 6-8 螺纹的背吃刀量

常用螺纹加工走刀次数与背吃刀量可见表 6-2。

表 6-2 常用螺纹加工走刀次数与背吃刀量 ($a_p = 2t$) (单位:mm)

米制螺纹							
螺距	1.0	1.5	2.0	2.5	3.0	3.5	4.0
牙型高度(半径值)	0.65	0.975	1.3	1.625	1.95	2.275	2.6
切削深度(直径值)	1.3	1.95	2.6	3.25	3.9	4.55	5.2

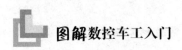
（续）

米制螺纹								
背吃刀量	t_1	0.7	0.8	0.9	1.0	1.2	1.5	1.5
	t_2	0.4	0.5	0.6	0.7	0.7	0.7	0.8
	t_3	0.2	0.5	0.6	0.6	0.6	0.6	0.6
	t_4		0.15	0.4	0.4	0.4	0.6	0.6
	t_5			0.1	0.4	0.4	0.4	0.4
	t_6				0.15	0.4	0.4	0.4
	t_7					0.2	0.2	0.4
	t_8						0.15	0.3
	t_9							0.2

（3）进给量 f

1）单线螺纹的进给量等于螺距，即 $f=P$。

2）多线螺纹的进给量等于导程，即 $f=P_h$。

在数控车床上车削双头螺纹时，进给量为一个导程，车削第一条螺纹后，轴向移动一个螺距（用 G01 指令），再加工第二条螺纹，如图 6-9 所示。

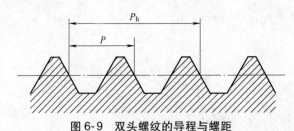

图 6-9　双头螺纹的导程与螺距

●项目 2　螺纹加工的编程方法●

阐述说明

　　在数控车床上车削螺纹，单行程螺纹的切削指令为 G32、螺纹切削的循环指令为 G92、螺纹切削的复合循环指令为 G76，需要熟练掌握这些指令。

1. 单行程螺纹切削指令 G32

（1）指令格式

$$G32\ X(U)\_\ Z(W)\_\ F\_\ ;$$

其中，X、Z 为螺纹编程终点的 X、Z 轴方向的绝对坐标，X 为直径值（mm），如图 6-10 所示；U、W 为螺纹编程终点相对于编程起点的 X、Z 轴方向相对坐标，U 为直径值（mm）；F 为螺纹导程（mm）。

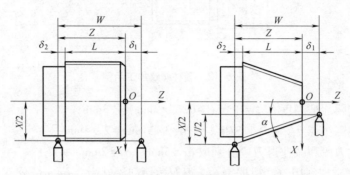

图 6-10　单行程螺纹切削指令 G32

（2）应用场合　用 G32 指令车削固定导程的圆柱螺纹或圆锥螺纹，也可加工端面螺纹。

（3）编程要点

1）G32 指令的进刀方式为直进式。

2）螺纹切削时不能用主轴线速度恒定指令 G96。

3）切削 α 在 45° 以下的圆锥螺纹时，螺纹导程以 Z 轴方向指定（见图 6-10）。

在图 6-11 中，A 点是螺纹切削的起点，B 点是单行程螺纹切削指令 G32 的起点，C 点是单行程螺纹切削指令 G32 的终点，D 点是 X 轴方向退刀的终点。①是用 G00 进刀，②是用 G32 车螺纹，③是用 G00 在 X 轴方向退刀，④是用 G00 在 Z 轴方向退刀。

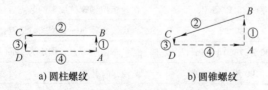

a）圆柱螺纹　　　　　　b）圆锥螺纹

图 6-11　单行程螺纹切削指令 G32 的切削路径

例 3　如图 6-12 所示，圆柱螺纹的大径已车削至 ϕ29.8mm，4mm×2mm 的退刀槽已加工，零件材料为 45 钢。用 G32 编制该螺纹的加工程序。

（1）计算螺纹加工尺寸

实际车削时外圆柱面的直径

$$d_{计}=d-0.2mm=（30-0.2）mm=29.8mm$$

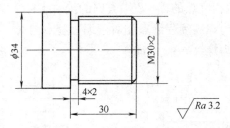

图 6-12　圆柱螺纹加工示例

螺纹实际牙型高度 $h_{1实} = 0.65P = 0.65 \times 2mm = 1.3mm$；

螺纹实际小径 $d_{1计} = d - 1.3P = (30 - 1.3 \times 2)mm = 27.4mm$；

升速进刀段和减速退刀段分别取 $\delta_1 = 5mm$，$\delta_2 = 2mm$。

（2）确定切削用量　根据表 6-2 得双边切削深度为 2.6mm，分五刀切削，每刀切削深度分别为 0.9mm、0.6mm、0.6mm、0.4mm 和 0.1mm。

主轴转速 $n \leqslant \dfrac{1200}{P} - k = \left(\dfrac{1200}{2} - 80 \right) r/min = 520r/min$，根据零件材料、刀具等因素取 $n = 400r/min$。

进给量 $f = P = 2mm$。

（3）编程　用 G32 车削圆柱螺纹的参考程序见表 6-3。

表 6-3　用 G32 车削圆柱螺纹的参考程序

程序号：O6001		
程序段号	程序内容	说明
N10	G40 G97 G99 M03 S400；	取消刀具补偿，设主轴正转，转速为 400r/min
N20	T0404；	用 T04 螺纹刀
N30	M08；	切削液开
N40	G00 X32.0 Z5.0；	快速定位到螺纹加工的起点
N50	X29.1；	自螺纹大径 30mm 处进第一刀，切削深度为 0.9mm
N60	G32 Z-28.0 F2.0；	螺纹车削第一刀，螺距为 2mm
N70	G00 X32.0；	X 轴方向退刀
N80	Z5.0；	Z 轴方向退刀
N90	X28.5；	进第二刀，切削深度为 0.6mm
N100	G32 Z-28.0 F2.0；	螺纹车削第二刀，螺距为 2mm
N110	G00 X32.0；	X 轴方向退刀
N120	Z5.0；	Z 轴方向退刀
N130	X27.9；	进第三刀，切削深度为 0.6mm
N140	G32 Z-28.0 F2.0；	螺纹车削第三刀，螺距为 2mm

（续）

程序号：O6001		
程序段号	程序内容	说明
N150	G00 X32.0;	X轴方向退刀
N160	Z5.0;	Z轴方向退刀
N170	X27.5;	进第四刀，切削深度为0.4mm
N180	G32 Z-28.0 F2.0;	螺纹车削第四刀，螺距为2mm
N190	G00 X32.0;	X轴方向退刀
N200	Z5.0;	Z轴方向退刀
N210	X27.4;	进第五刀，切削深度为0.1mm
N220	G32 Z-28.0 F2.0;	螺纹车削第五刀，螺距为2mm
N230	G00 X32.0;	X轴方向退刀
N240	Z5.0;	Z轴方向退刀
N250	X27.4;	光一刀，切削深度为0mm
N260	G32 Z-28.0 F2.0;	光一刀，螺距为2mm
N270	G00 X200.0;	X轴方向退刀
N280	Z100.0;	Z轴方向退刀，回换刀点
N290	M30;	程序结束

例4　如图6-13所示，圆锥螺纹的大径已车削至小端直径为 $\phi19.8$mm、大端直径为 $\phi24.8$mm，4mm×2mm 的退刀槽已加工，零件材料为45钢。用 G32 指令编制该螺纹的加工程序。

（1）计算螺纹加工尺寸（见图6-14）　根据实际车削时外圆锥面的直径 $d_{计}=d-0.2$，得出螺纹大径小端为 $\phi19.8$mm，大端为 $\phi24.8$mm，用 G70 或 G01 加工保证。

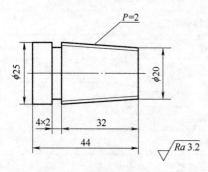

图6-13　圆锥螺纹加工示例

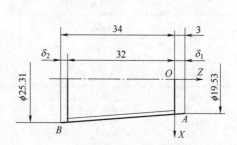

图6-14　圆锥螺纹的加工尺寸

螺纹实际牙型高度 $h_{1实} = 0.65P = 0.65 \times 2\text{mm} = 1.3\text{mm}$；

升速进刀段和减速退刀段分别取 $\delta_1 = 3\text{mm}$，$\delta_2 = 2\text{mm}$；

A 点坐标：$X = 19.53\text{mm}$，$Z = 3\text{mm}$；

B 点坐标：$X = 25.31\text{mm}$，$Z = -34\text{mm}$。

（2）确定切削用量 根据表 6-2 得双边切削深度为 2.6mm，分五刀切削，每刀切削深度分别为 0.9mm、0.6mm、0.6mm、0.4mm 和 0.1mm。

主轴转速 $n \leqslant \dfrac{1200}{P} - k = \left(\dfrac{1200}{2} - 80 \right) \text{r/min} = 520\text{r/min}$，根据零件材料、刀具等因素，取 $n = 400\text{r/min}$。

进给量 $f = P = 2\text{mm}$。

（3）编程 用 G32 车削圆锥螺纹的参考程序见表 6-4。

表 6-4 用 G32 车削圆锥螺纹的参考程序

程序号：O6002		
程序段号	程序内容	说明
N10	G40 G97 G99 M03 S400;	取消刀具补偿，设主轴正转，转速为 400r/min
N20	T0404;	用 T04 螺纹刀
N30	M08;	切削液开
N40	G00 X27.0 Z3.0;	快速定位到螺纹加工的起点
N50	X18.6;	进第一刀，切削深度为 0.9mm
N60	G32 X24.4 Z-34.0 F2.0;	螺纹车削第一刀，螺距为 2mm
N70	G00 X27.0;	X 轴方向退刀
N80	Z3.0;	Z 轴方向退刀
N90	X18.0;	进第二刀，切削深度为 0.6mm
N100	G32 X23.8 Z-34.0 F2.0;	车削螺纹第二刀，螺距为 2mm
N110	G00 X27.0;	X 轴方向退刀
N120	Z3.0;	Z 轴方向退刀
N130	X17.4;	进第三刀，切削深度为 0.6mm
N140	G32 X23.2 Z-34.0 F2.0;	螺纹车削第三刀，螺距为 2mm
N150	G00 X27.0;	X 轴方向退刀
N160	Z3.0;	Z 轴方向退刀
N170	X17.0;	进第四刀，切削深度为 0.4mm
N180	G32 X22.8 Z-34.0 F2.0;	螺纹车削第四刀，螺距为 2mm

（续）

程序号：O6002		
程序段号	程序内容	说明
N190	G00 X27.0;	X 轴方向退刀
N200	Z3.0;	Z 轴方向退刀
N210	X16.9;	进第五刀，切削深度为 0.1mm
N220	G32 X22.7 Z-34.0 F2.0;	螺纹车削第五刀，螺距为 2mm
N230	G00 X27.0;	X 轴方向退刀
N240	Z3.0;	Z 轴方向退刀
N250	X16.9;	光一刀，切削深度为 0mm
N260	G32 X22.7 Z-34.0 F2.0;	光一刀，螺距为 2mm
N270	G00 X200.0;	X 轴方向退刀
N280	Z100.0;	Z 轴方向退刀，回换刀点
N290	M30;	程序结束

例 5　如图 6-15 所示，内螺纹的底孔 $\phi22$mm 已车完，$C1.5$mm 的倒角已加工，零件材料为 45 钢。用 G32 指令编制该螺纹的加工程序。

（1）计算螺纹加工尺寸

实际车削时内螺纹的底孔直径外圆 $D_{1\text{计}} = D - P = (24-2)\,\text{mm} = 22\text{mm}$；

螺纹实际牙型高度 $h_{1\text{实}} = 0.65P = 0.65 \times 2\,\text{mm} = 1.3\text{mm}$；

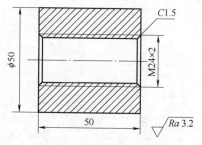

图 6-15　内螺纹加工示例

内螺纹的实际大径 $D_{\text{计}} = D = 24\text{mm}$；

内螺纹小径 $D_1 = D - 1.3P = (24 - 1.3 \times 2)\,\text{mm} = 21.4\text{mm}$；

升速进刀段和减速退刀段分别取 $\delta_1 = 5\text{mm}$，$\delta_2 = 2\text{mm}$。

（2）确定切削用量　根据表 6-2 得双边切削深度为 2.6mm，分五刀切削，切削深度分别为 0.9mm、0.6mm、0.6mm、0.4mm 和 0.1mm。

主轴转速 $n \leqslant \dfrac{1200}{P} - k = \left(\dfrac{1200}{2} - 80\right)\text{r/min} = 520\text{r/min}$，根据零件材料、刀具等因素取较低的转速，$n = 400\text{r/min}$。

进给量 $f = P = 2\text{mm}$。

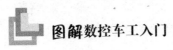

（3）编程　用 G32 车削内螺纹的参考程序见表 6-5。

表 6-5　用 G32 车削内螺纹的参考程序

程序段号	程序内容	说明
	程序号：O6003	
N10	G40 G97 G99 M03 S400；	取消刀具补偿，设主轴正转，转速为 400r/min
N20	T0404；	用 T04 螺纹刀
N30	M08；	切削液开
N40	G00 X20.0 Z5.0；	快速定位到螺纹加工的起点
N50	X22.3；	自螺纹小径 21.4mm 处进第一刀，切削深度为 0.9mm
N60	G32 Z-52.0 F2.0；	螺纹车削第一刀，螺距为 2mm
N70	G00 X20.0；	X 轴方向退刀
N80	Z5.0；	Z 轴方向退刀
N90	X22.9；	进第二刀，切削深度为 0.6mm
N100	G32 Z-52.0 F2.0；	螺纹车削第二刀，螺距为 2mm
N110	G00 X20.0；	X 轴方向退刀
N120	Z5.0；	Z 轴方向退刀
N130	X23.5；	进第三刀，切削深度为 0.6mm
N140	G32 Z-52.0 F2.0；	螺纹车削第三刀，螺距为 2mm
N150	G00 X20.0；	X 轴方向退刀
N160	Z5.0；	Z 轴方向退刀
N170	X23.9；	进第四刀，切削深度为 0.4mm
N180	G32 Z-52.0 F2.0；	螺纹车削第四刀，螺距为 2mm
N190	G00 X20.0；	X 轴方向退刀
N200	Z5.0；	Z 轴方向退刀
N210	X24.0；	进第五刀，切削深度为 0.1mm
N220	G32 Z-52.0 F2.0；	螺纹车削第五刀，螺距为 2mm
N230	G00 X20.0；	X 轴方向退刀
N240	Z5.0；	Z 轴方向退刀
N250	X24.0；	光一刀，切削深度为 0mm
N260	G32 Z-52.0 F2.0；	光一刀，螺距为 2mm
N270	G00 X20.0；	X 轴方向退刀
N280	Z100.0；	Z 轴方向退刀
N290	X200.0；	回换刀点
N300	M30；	程序结束

2. 螺纹切削循环指令 G92

从前面的例题可以看出，使用 G32 加工螺纹时需多次进刀，程序较长，容易出错。为此，数控车床一般均在数控系统中设置螺纹切削循环指令 G92。每次车削需要完成四步动作：①快速进刀至螺纹起点；②切削螺纹；③切削螺纹终点，X 轴方向快速退刀；④Z 轴方向快速退刀。将上述动作编制成螺纹切削循环指令 G92，用一个程序段完成上述①~④的加工操作，从而简化编程。

（1）指令格式

$$G92\ X(U)\_Z(W)\_R\_F;$$

其中，X、Z 为螺纹编程终点的绝对坐标（mm）；U、W 为螺纹终点的相对坐标（mm）；F 为螺纹导程（mm）；R 为圆锥螺纹起点半径与终点半径的差值（mm），其值的正负判断方法与 G90 相同，即当圆锥螺纹终点半径大于起点半径时 R 为正值，当圆锥螺纹终点半径小于起点半径时 R 为负值，圆柱螺纹 R 为 0，可省略。

圆柱螺纹指令格式：$G92\ X(U)\_Z(W)\_F\_$；

圆锥螺纹指令格式：$G92\ X(U)\_Z(W)\_R\_F\_$；

（2）应用场合

G92 指令用于单一循环加工螺纹，其循环路线与单一形状固定循环基本相同，如图 6-16 所示。循环路径中除车削螺纹②为进给运动外，其他运动（循环起点进刀①、螺纹车削终点 X 轴方向退刀③、Z 轴方向退刀④）均为快速运动。该指令是 FANUC 0i 系统中使用最多的螺纹加工指令。

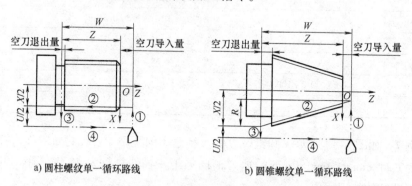

a) 圆柱螺纹单一循环路线　　　　b) 圆锥螺纹单一循环路线

图 6-16　螺纹切削单一循环路线

①—循环起点进刀　②—车削螺纹　③—螺纹车削终点 X 轴方向退刀　④—Z 轴方向退刀

使用 G92 指令可以使编程大为简化，下面是举例说明。

例 6　如图 6-12 所示，圆柱螺纹的大径已车削至 $\phi29.8$mm，4mm×2mm 的退刀槽已加工，零件材料为 45 钢，用 G92 编制该螺纹的加工程序。

（1）计算螺纹加工尺寸　实际车削时外圆柱面的直径 $d_{计} = d - 0.2$mm $=(30 -$

0. 2) mm = 29. 8mm;

螺纹实际牙型高度 $h_{1实} = 0.65P = 0.65 \times 2mm = 1.3mm$;

螺纹实际小径 $d_{1计} = d - 1.3P = (30 - 1.3 \times 2)mm = 27.4mm$;

升速进刀段和减速退刀段分别取 $\delta_1 = 5mm$, $\delta_2 = 2mm$。

（2）确定切削用量　同例3，螺纹加工分五刀切削，每刀切削深度分别为 0. 9mm、0. 6mm、0. 6mm、0. 4mm 和 0. 1mm。主轴转速 $n = 400r/min$，进给量 $f = 2mm$。

（3）编程　用 G92 车削圆柱螺纹的参考程序见表 6-6。

表 6-6　用 G92 车削圆柱螺纹的参考程序

程序号：O6004		
程序段号	程序内容	说明
N10	G40 G97 G99 M03 S400;	取消刀具补偿，设主轴正转，转速为400r/min
N20	T0404;	用 T04 螺纹刀
N30	M08;	切削液开
N40	G00 X31.0 Z5.0;	快速定位到螺纹加工的起点
N50	G92 X29.1 Z-28.0 F2.0;	螺纹切削循环第一刀，切削深度为 0.9mm，螺距为 2mm
N60	X28.5;	第二刀，切削深度为 0.6mm
N70	X27.9;	第三刀，切削深度为 0.6mm
N80	X27.5;	第四刀，切削深度为 0.4mm
N90	X27.4;	第五刀，切削深度为 0.1mm
N100	X27.4;	光一刀，切削深度为 0mm
N110	G00 X200.0 Z100.0;	回到换刀点
N120	M30;	程序结束

例7　如图 6-13 所示，圆锥螺纹的大径已车削至小端直径为 $\phi19.8mm$，大端直径为 $\phi24.8mm$，4mm×2mm 的退刀槽已加工，零件材料为 45 钢。用 G92 指令编制该螺纹的加工程序。

（1）计算螺纹加工尺寸　根据螺纹大径小端为 $\phi19.8mm$、大端为 $\phi24.8mm$，得出：

螺纹实际牙型高度 $h_{1实} = 0.65P = 0.65 \times 2mm = 1.3mm$；

升速进刀段和减速退刀段分别取 $\delta_1 = 3mm$, $\delta_2 = 2mm$；

A 点坐标：$X_A = 19.53mm$, $Z_A = 3mm$；

B 点坐标：$X_B = 25.31mm$, $Z_B = -34mm$；

$$R = \left(\frac{19.53}{2} - \frac{25.31}{2} \right) \text{mm} \approx -2.9 \text{mm}$$

（计算过程：如图 6-14 所示，根据锥角 $\tan\alpha = \frac{D-d}{L} = \frac{25-20}{32} = \frac{5}{32}$，求 A 点的坐标时 $\frac{20-X_A}{3} = \frac{5}{32}$，得出 $X_A = 19.53$，同样 $\frac{X_B-25}{2} = \frac{5}{32}$，得出 $X_B = 25.31$。）

（2）确定切削用量 同例 4，螺纹加工分五刀切削，分别为 0.9mm、0.6mm、0.6mm、0.4mm 和 0.1mm。主轴转速 $n = 400\text{r/min}$，进给量 $f = 2\text{mm}$。

（3）编程 用 G92 车削圆锥螺纹的参考程序见表 6-7。

表 6-7 用 G92 车削圆锥螺纹的参考程序

程序号：O6005		
程序段号	程序内容	说明
N10	G40 G97 G99 M03 S400;	取消刀具补偿，设主轴正转，转速为 400r/min
N20	T0404;	用 T04 螺纹刀
N30	M08;	切削液开
N40	G00 X27.0 Z3.0;	快速定位到螺纹加工循环起点
N50	G92 X24.4 Z-34.0 R-2.9 F2.0;	螺纹切削循环第一刀，切削深度为 0.9mm，螺距为 2mm
N60	X23.8;	第二刀，切削深度为 0.6mm
N70	X23.2;	第三刀，切削深度为 0.6mm
N80	X22.8;	第四刀，切削深度为 0.4mm
N90	X22.7;	第五刀，切削深度为 0.1mm
N100	X22.7;	光一刀，切削深度为 0mm
N110	G00 X200.0 Z100.0;	回到换刀点
N120	M30;	程序结束

例 8 如图 6-15 所示，内螺纹的底孔 $\phi 22\text{mm}$ 已车完，$C1.5\text{mm}$ 的倒角已加工，零件材料为 45 钢。用 G92 指令编制该螺纹的加工程序。

（1）计算螺纹加工尺寸 实际车削时取内螺纹的底孔直径外圆 $D_{1\text{计}} = D - P = (24-2)\text{mm} = 22\text{mm}$；

螺纹实际牙型高度 $h_{1\text{实}} = 0.65P = 0.65 \times 2\text{mm} = 1.3\text{mm}$；

内螺纹的实际大径 $D_{\text{计}} = D = 24\text{mm}$；

内螺纹小径 $D_1 = D - 1.3P = (24 - 1.3 \times 2)\text{mm} = 21.4\text{mm}$；

升速进刀段和减速退刀段分别取 $\delta_1 = 5\text{mm}$，$\delta_2 = 2\text{mm}$。

（2）确定切削用量 螺纹加工分五刀切削，切削深度分别为 0.9mm、

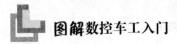
0.6mm、0.6mm、0.4mm 和 0.1mm。

主轴转速 $n = 400\text{r/min}$，进给量 $f = 2\text{mm}$。

（3）编程　用 G92 车削内螺纹的参考程序见表 6-8。

表 6-8　用 G92 车削内螺纹的参考程序

程序段号	程序内容	说明
	程序号：O6006	
N10	G40 G97 G99 M03 S400;	取消刀具补偿，设主轴正转，转速为 400r/min
N20	T0404;	用 T04 螺纹刀
N30	M08;	切削液开
N40	G00 X20.0 Z5.0;	快速定位到螺纹加工循环起点
N50	G92 X22.3 Z-52.0 F2.0;	螺纹切削循环第一刀，切削深度为 0.9mm，螺距为 2mm
N60	X22.9;	第二刀，切削深度为 0.6mm
N70	X23.5;	第三刀，切削深度为 0.6mm
N80	X23.9;	第四刀，切削深度为 0.4mm
N90	X24.0;	第五刀，切削深度为 0.1mm
N100	X24.0;	光一刀，切削深度为 0mm
N110	G00 X200.0 Z100.0;	回到换刀点
N120	M30;	程序结束

3. 螺纹切削复合循环指令 G76

G76 指令用于多次自动循环切削螺纹，如图 6-17 所示。切削深度和进刀次数等均可通过设置后由系统自动完成。

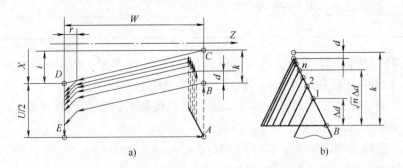

图 6-17　螺纹切削复合循环指令 G76

（1）指令格式

$$\text{G76 P}(m)(r)(\alpha)\ \text{Q}(\Delta d_{\min})\ \text{R}(d);$$

$$G76 \; X(U) \_ \; Z(W) \_ \; R(i) \; P(k) \; Q(\Delta d) \; F(P);$$

其中，m 为精车重复次数，从 $1 \sim 99$，该参数为模态量；r 为螺纹尾部倒角量，该值的大小可设定在 $0.0P \sim 9.9P$，系数应为 0.1 的整倍数，用 $00 \sim 99$ 的两位整数来表示，其中 P 为螺距，该参数为模态量；α 为刀尖角度，可从 80°、60°、55°、30°、29° 和 0° 六个角度中选择，用两位整数来表示，常用 60°、55°、30° 三个角度，该参数为模态量；m、r 和 α 用地址 P 同时指定，例如 $m=2$，$r=1.2P$，$\alpha=60°$，表示为 P021260；Δd_{min} 为最小车削深度，用半径编程指定，车削过程中每次的车削深度为 $\Delta d\sqrt{n} - \Delta d\sqrt{n-1}$，当计算值小于 Δd_{min} 这个极限值时，深度锁定为极限值，该参数为模态量（μm）；d 为精车余量，用半径编程指定，该参数为模态量（mm）；$X(U)$、$Z(W)$ 为螺纹终点坐标；i 为螺纹部分的半径差，当 $i=0$ 时，为直螺纹（mm）；k 为螺纹高度，用半径值指定（μm）；Δd 为第一次车削深度，用半径值指定（μm）；P 为螺距。

在指令中，R、P、Q 地址后的数值一般以无小数点形式表示。

在实际加工三角形螺纹时，以上参数一般取：$m=2$，$r=1.1P$，$\alpha=60°$，表示为 P021160。

$\Delta d_{min}=0.1mm$，$d=0.05mm$，$k=0.65P$，Δd_{min} 根据零件材料、螺纹导程、刀具和机床等因素，通常取 $0.35 \sim 1.0mm$，其他参数由零件具体尺寸确定。

（2）应用场合

G76 指令用于多次自动循环切削螺纹，用于加工不带退刀槽的圆柱螺纹和圆锥螺纹。

例 9 如图 6-18 所示，圆柱螺纹的大径已车削至 $\phi29.8mm$，零件材料为 45 钢。用 G76 指令编制该螺纹的加工程序。

（1）计算螺纹加工尺寸 实际切削时外圆柱面的直径为 $d_{计}=d-0.2mm=(30-0.2)mm=29.8mm$，用 G70 或 G01 加工保证；

螺纹实际牙型高度 $h_{1实}=0.65P=0.65\times 2mm=1.3mm$；

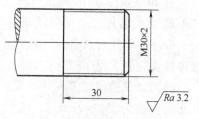

图 6-18 圆柱螺纹加工示例

螺纹实际小径 $d_{1计}=d-1.3P=(30-1.3\times 2)mm=27.4mm$；

升速进刀段 $\delta_1=5mm$。

（2）确定切削用量 精车重复次数 $m=2$，螺纹尾倒角量 $r=1.1P$，刀尖角度 $\alpha=60°$，表示为 P021160；

最小车削深度 $\Delta d_{min}=0.1mm$，表示为 Q100；

精车余量 $d=0.05mm$，表示为 R50；

螺纹终点坐标 $X=27.4mm$，$Z=-30mm$；

螺纹部分的半径差 $i=0$，表示为 R0，可省略；

螺纹高度 $k=1.3$mm，表示为 P1300；

第一次车削深度 Δd 取 0.5mm，表示为 Q500；

$P=2$mm，表示为 F2.0；

主轴转速 $n\leqslant\left(\dfrac{1200}{2}-80\right)$ r/min $=520$r/min，根据零件材料、刀具等因素取较低的转速，$n=400$r/min。

（3）编程　用 G76 车削圆锥螺纹的参考程序见表 6-9。

表 6-9　用 G76 车削圆锥螺纹的参考程序

程序号：O6007		
程序段号	程序内容	说明
N10	G40 G97 G99 M03 S400;	取消刀具补偿，设主轴正转，转速为 400r/min
N20	T0404;	用 T04 螺纹刀
N30	M08;	切削液开
N40	G00 X31.0 Z5.0;	快速定位到螺纹加工的循环起点
N50	G76 P021160 Q100 R50;	螺纹车削复合循环
N60	G76 X27.4 Z-30.0 P1300 Q500 F2.0;	螺纹车削复合循环
N70	G00 X200.0 Z100.0;	回到换刀点
N80	M30;	程序结束

例 10　如图 6-19 所示，圆锥螺纹的大径已车削至小端直径为 $\phi34.8$mm、大端直径为 $\phi39.8$mm，零件材料为 45 钢。用 G76 指令编制该螺纹的加工程序。

（1）计算螺纹加工尺寸　实际切削时外圆柱面的直径为 $d_{\text{计}}=d-0.2$，螺纹大径小端为 $\phi34.8$mm，大端为 $\phi39.8$mm，用 G70 或 G01 加工保证；

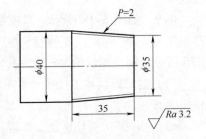

图 6-19　圆锥螺纹加工示例

螺纹实际牙型高度 $h_{1\text{实}}=0.65P=0.65\times2$mm $=1.3$mm；

螺纹终点小径为 $(40-2\times1.3)$mm $=37.4$mm；

升速进刀段取 $\delta_1=3$mm；

（2）确定切削用量　精车重复次数 $m=2$，螺纹尾倒角量 $r=1.1P$，刀尖角度 $\alpha=60°$，表示为 P021160；

最小车削深度 $\Delta d_{\min}=0.1$mm，表示为 Q100；

精车余量 $d=0.05$mm，表示为 R50；

螺纹终点坐标 $X = 37.4$mm，$Z = -35$mm；

螺纹部分的半径差 $i = \left(\dfrac{35-40}{2}\right)$mm $= -2.5$mm，表示为 R-2.5；

螺纹高度 $k = 1.3$mm，表示为 P1300；

第一次车削深度 Δd 取 0.5mm，表示为 Q500；

$P = 2$mm，表示为 F2.0；

主轴转速 $n \le \left(\dfrac{1200}{2} - 80\right)$ r/min $= 520$r/min，根据零件材料、刀具等因素取较低的转速，$n = 400$r/min。

（3）编程　用 G76 车削圆锥螺纹的参考程序见表 6-10。

表 6-10　用 G76 车削圆锥螺纹的参考程序

程序号：O6008		
程序段号	程序内容	说明
N10	G40 G97 G99 M03 S400;	取消刀具补偿，设主轴正转，转速为 400r/min
N20	T0404;	用 T04 螺纹刀
N30	M08;	切削液开
N40	G00 X41.0 Z3.0;	快速定位到螺纹加工的循环起点
N50	G76 P021160 Q100 R50;	螺纹车削复合循环
N60	G76 X37.4 Z-35.0 R-2.5 P1300 Q500 F2.0;	螺纹车削复合循环
N70	G00 X200.0 Z100.0;	回到换刀点
N80	M30;	程序结束

例 11　如图 6-20 所示，内螺纹的底孔已车完，$C1.5$mm 的倒角已加工，零件材料为 45 钢。用 G76 指令编制该螺纹的加工程序。

（1）计算螺纹加工尺寸　实际车削时取内螺纹的底孔直径 $D_{1计} = D - P = (30 - 2)$mm $= 28$mm；

螺纹实际牙型高度 $h_{1实} = 0.65P = 0.65 \times 2$mm $= 1.3$mm；

内螺纹的实际大径 $D_{计} = D = 30$mm；

内螺纹小径 $D_1 = D - 1.3P = (30 - 1.3 \times 2)$mm $= 27.4$mm；

升速进刀段取 $\delta_1 = 5$mm。

（2）确定切削用量　精车重复次数 $m = 2$，螺纹尾倒角量 $r = 1.1P$，刀尖角度 $\alpha = 60°$，表示为 P021160；

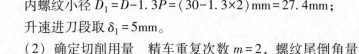
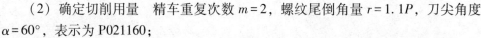

图 6-20　内螺纹加工示例

最小车削深度 $\Delta d_{min} = 0.1mm$，表示为 Q100；

精车余量 $d = 0.05mm$，表示为 R50；

螺纹终点坐标 $X = 30mm$，$Z = -20mm$；

螺纹部分的半径差 $i = 0$，表示为 R0，可省略；

螺纹高度 $k = 1.3mm$，表示为 P1300；

第一次车削深度 Δd 取 0.5mm，表示为 Q500；

$P = 2mm$，表示为 F2.0；

主轴转速 $n \leqslant \left(\dfrac{1200}{2} - 80\right) r/min = 520r/min$，根据零件材料、刀具等因素取较低的转速，$n = 400r/min$。

（3）编程　用 G76 车削内螺纹的参考程序见表 6-11。

表 6-11　用 G76 车削内螺纹的参考程序

程序号：O6009		
程序段号	程序内容	说明
N10	G40 G97 G99 M03 S400;	取消刀具补偿，设主轴正转，转速为400r/min
N20	T0404;	用 T04 螺纹刀
N30	M08;	切削液开
N40	G00 X27.0 Z5.0;	快速定位到螺纹加工的循环起点
N50	G76 P021160 Q100 R50;	螺纹车削复合循环
N60	G76 X30.0 Z-20.0 P1300 Q500 F2.0;	螺纹车削复合循环
N70	G00 X200.0 Z100.0;	回到换刀点
N80	M30;	程序结束

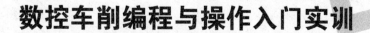

模块7

数控车削编程与操作入门实训

阐述说明

    熟练掌握运用直线插补指令，掌握阶梯轴的外圆和倒角的加工方法，正确使用量具检验相关尺寸。

• 项目1　轴加工复合圆弧及螺纹 •

1. 分析零件图

待加工的工件的图样如图7-1所示。该零件上要加工凸弧和三角形螺纹，要掌握螺纹轴的编程及加工尺寸的计算。刀具的选择应适当，合理选择螺纹加工的切削用量。要掌握车削三角形螺纹的基本方法。

2. 刀具的选择

1）T01、T02 90°硬质合金偏刀分别用于粗、精车外轮廓，刀尖半径 $R = 0.4$mm，置于T01刀位。

2）T03 90°硬质合金切刀用于车削退刀槽，刀宽为5mm，置于T03刀位。

3）T04硬质合金螺纹刀用于车削螺纹，刀尖半径 $R = 0.2$mm，置于T02刀位。

3. 加工方案

1）根据零件的尺寸 $\phi45$mm×120mm，采用自定心卡盘装夹，工件伸出卡盘60mm，平端面。

2）加工外轮廓，车槽，车螺纹至要求尺寸，自动加工前先将偏刀、切刀、

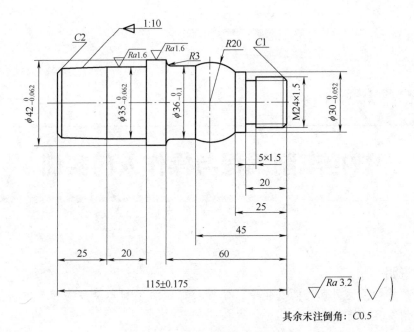

其余未注倒角：C0.5

图 7-1　待加工的工件

螺纹刀逐个对刀，设置坐标原点在右端面的轴线上，加工程序名为 07001。

　　3）编程尺寸的计算。

　　① 根据图样的尺寸，编程时取平均值，圆弧 ϕ35mm、ϕ42mm、ϕ36mm 外圆的编程尺寸分别为 34.969mm、41.969mm、35.95mm；

　　② 外圆锥大端直径为 35.969mm，外圆锥小端直径为 32.469mm，倒角起点为 28.469mm；

　　③ G73 中 X 轴方向总切削深度（单项）为 10.6mm，分八刀进行；

　　④ 螺纹牙顶外圆柱加工直径为 23.8mm，螺距 P = 1.5mm，螺纹小径为 22.05mm，双边切削深度为 1.95mm，分四刀切削，切削深度分别为：0.8mm、0.6mm、0.4mm、0.15mm。

　　4）注意事项。

　　① 准确计算锥端及锥端倒角坐标；

　　② 粗、精车外圆车刀 T01、T02 的副偏角应大于 30°；

　　③ 二次装夹找正后，不能损伤零件已加工表面；

　　④ 装夹螺纹车刀时，用三角螺纹样板对螺纹刀；

　　⑤ 加工螺纹退刀时，要防止螺纹车刀与 ϕ30mm 台阶相撞。

车削左端轴的参考程序见表 7-1，车削右端轴的参考程序见表 7-2。

表 7-1　车削左端轴的参考程序

程序段号	程序内容	说明
	程序号：O7001	
N0010	G97 G99 G21 G40 M03 S600 F0.25;	取消恒表面速度控制，设置每转进给速度，速度的单位为米制。取消刀尖半径补偿，设置主轴正转，转速为 600r/min
N0020	T0101;	前 01 表示 1 号刀具，后 01 表示刀具补偿号
N0030	M08;	切削液开
N0040	G00 X45.0 Z0.0;	快速进刀至对刀点，对刀点是程序起点，设起点 X 轴坐标为毛坯的直径 45mm，Z 轴坐标取在端面的中心
N0050	G71 U1.5 R0.5;	粗加工循环，背吃刀量为 1.5mm，退刀量为 0.5mm
N0060	G71 P70 Q170 U0.5 W0.05;	精车路线由 N70~N170 指定，X 轴方向车削余量为 0.5mm，Z 轴方向车削余量为 0.05mm
N0070	G00 X0.0;	快速进刀
N0080	G01 G42 Z0.0;	刀具右补偿，精加工轮廓起点
N0090	X28.469;	圆锥倒角的起点
N0100	X32.469 Z-2.0;	车削圆锥左端的倒角
N0110	X34.969 Z-25.0;	车削圆锥
N0120	Z-45.0;	车削 ϕ35mm 外圆
N0130	X40.969;	车削 ϕ42mm 台阶
N0140	X41.969 Z-45.5;	车削 0.5mm×45° 倒角
N0150	Z-57.0;	车削 ϕ42mm 外圆
N0160	X35.0;	X 轴方向退刀
N0170	G01 G40 X46.0;	取消刀具补偿
N0180	G00 X200.0 Z100.0;	快速退刀至换刀点
N0190	M09;	切削液关
N0200	M05;	主轴停转
N0210	T0202;	换刀
N0220	M03 S800 F0.12;	设置主轴正转，转速为 800r/min，进给量为 0.12mm/r
N0230	M08;	切削液开
N0240	G00 X45.0 Z2.0;	快速进刀至循环起点
N0250	G70 P70 Q170;	精车循环
N0260	G00 X200.0 Z100.0;	快速退刀
N0270	M30	程序结束

表7-2 车削右端轴的参考程序

程序段号	程序内容	说明
	程序号：O7002	
N0010	G97 G99 G40 M03 S600 F0.25;	主轴正转，转速为600r/min
N0020	T0101;	用T01刀
N0030	M08;	切削液开
N0040	G00 X45.0 Z0.0;	快速进刀至循环起点
N0050	G73 U10.6 W0.0 R8.0;	粗车循环，单边总切削深度为10.6mm，分八刀
N0060	G71 P70 Q190 U0.5 W0.05;	精车路线由N70~N190指定，X轴方向车削余量为0.5mm，Z轴方向车削余量为0.05mm
N0070	G00 X0;	快速进刀
N0080	G01 G42 Z0.0;	刀具右补偿，精加工轮廓起点
N0090	X21.8;	螺纹倒角起点
N0100	X23.8 Z-1.0;	车削螺纹倒角
N0110	Z-20.0;	车削螺纹牙顶
N0120	X28.974;	车削台阶至ϕ30mm起点
N0130	X29.974 Z-20.5;	车削0.5mm×45°倒角
N0140	Z-25.0;	车削ϕ30mm外圆
N0150	G03 X35.95 Z-45.0 R20;	车削R20mm圆弧
N0160	G01 Z-57.0;	车削ϕ36mm外圆
N0170	G02 X41.969 Z-60.0 R3.0;	车削R3mm圆角
N0180	X45.0;	X轴方向退刀
N0190	G01 G40 X46.0;	取消刀具补偿
N0200	G00 X200.0 Z100.0;	快速退刀至换刀点
N0210	M09;	切削液关
N0220	M05;	主轴停转
N0230	T0202;	换刀
N0240	M03 S800 F0.12;	转速为600r/min，进给量为0.12mm/r
N0250	M08;	切削液开
N0260	G00 X46.0 Z2.0;	快速进刀至循环起点
N0270	G70 P70 Q190;	精车循环
N0280	G00 X200.0 Z100.0;	快速退刀至换刀点
N0290	M09;	切削液关
N0300	M05;	主轴停转

（续）

程序号：O7002		
程序段号	程序内容	说明
N0310	T0303；	换刀
N0320	M03 S350 F0.05；	转速为350r/min，进给量0.05mm/r
N0330	M08；	切削液开
N0340	G00 X31.0 Z-20.0；	快速进刀至切槽起点
N0350	G01 X21.0；	切槽
N0360	G04 X1.0；	暂停1s
N0370	G00 X31.0；	X轴方向快速退刀
N0380	G00 X200.0 Z100.0；	快速退刀至换刀点
N0390	M09；	切削液关
N0400	T0404；	换刀
N0410	M03 S400；	主轴正转，转速为400r/min
N0420	M08；	切削液开
N0430	G00 X28.0 Z5.0；	快速进刀至螺纹循环起点
N0440	G92 X23.2 Z-17.0 F1.5；	螺纹切削第一刀，切削深度为0.8mm，螺距为1.5mm
N0450	X22.6；	螺纹切削第二刀，切削深度为0.6mm
N0460	X22.2；	螺纹切削第三刀，切削深度为0.4mm
N0470	X22.05；	螺纹切削第四刀，切削深度为0.15mm
N0480	X22.05；	螺纹切削第五刀，光一刀
N0490	G00 X200.0 Z100.0；	快速退刀
N0500	M30；	程序结束

● 项目2 编程练习（零件上有锥度及半球）●

1. 待加工的圆锥零件的形状及尺寸（见图7-2）

2. 图形分析

工件上有复合圆弧及锥度，要掌握凹凸圆弧的加工方法及坐标点的计算，采用 G70 和 G71 循环指令比较简单。

3. 根据图样编制加工程序

N0010　G97 G99 G40 G21；

N0020　M03 S600；

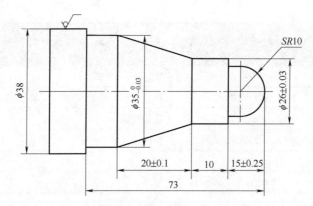

图 7-2　待加工的圆锥零件的形状及尺寸

N0030　T0101 G00 X42.0 Z2.0；

N0040　G71 U1.0 R1.0；

N0050　G71 P60 Q160 U1.0 F1；

N0060　G00 X0；

N0070　G01 Z0；

N0080　G03 X20.0 Z-10.0 R10.0；

N0090　G01 X20.0 Z-15.0；

N0100　G01 X26.0 Z-15.0；

N0110　Z-30.0；

N0120　X38.0 Z-60.0；

N0130　Z-73.0；

N0140　Z-73.0；

N0150　X50.0；

N0160　G00 X52.0；

N0170　G70 P60 Q160 S1000 F0.15；

N0180　G00 X100.0 Z100.0；

N0190　M05；

N0200　M30；

4. 输入程序并检查

1) 将编写的程序输入系统时，系统会根据内部所存程序的数量，自动命名该程序号为"O1008"，依次将编写的程序逐行输入，换行时系统自动生成换行符";"，如图 7-3 所示。

2) 当一页写满后，按下翻页键使页面向后翻，进入下一页继续输入，如

图7-4所示。

图7-3 将编写的程序输入系统

图7-4 按下翻页键使页面向后翻

3）程序的段号不是连续的，一般取整数（便于插入段号修改，修改的段号取在两段号之间，例如要在N0100与N0110之间插入一个程序段号，该段号在N0101～N0109任取），按光标移动键逐行检查程序，图7-5所示画面中正在检查N0110。

4）程序结束采用辅助功能代码M02（程序结束）或M30（程序结束，返回起点）来表示，系统自动生成结束符"%"，如图7-6所示。

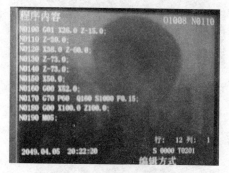

图7-5 按光标移动键检查程序

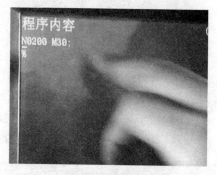

图7-6 程序结束后自动生成结束符

5. 装夹工件并对刀

1）首先在刀架上安装加工所需的两把车刀，一把是93°偏刀（用于完成工件的加工，装夹在1号刀位），另一把是切断刀（用于将工件切断取下，装夹在2号刀位），按刀架上标记的刀位号装夹。

2）将刀架移开适当的距离（避免装夹棒料时身体与刀架或车刀发生磕碰），用卡盘扳手松开自定心卡盘的卡爪，将待加工的棒料放入到夹盘孔中，如图7-7所示。

图7-7 移开刀架后将自定心卡盘的卡爪松开

3）按图样的尺寸，将棒料在卡盘孔中探出适当的长度，要留出足够的余量，以免切割时刀具与卡盘的卡爪接触，如图7-8所示。

4）用游标卡尺测量棒料探出的长度，如图7-9所示。长度符合要求后，用卡盘扳手将三个卡爪依次拧紧。

图7-8 棒料在卡盘孔中探出适当长度

图7-9 测量棒料探出的长度

5）按下操作面板上的手动方式键及刀位选择键，手动方式键上的灯亮后，系统执行操作，如图7-10和图7-11所示。

图7-10 按下手动方式键

图7-11 按下刀位选择键

6）驱动部分控制刀架转动，将93°偏刀转到一号刀位，如图7-12所示。

7）按下键盘上的步距选择键"×100"（手轮转动一圈，刀架距离移动增大），逆时针转动手轮（向工件方向转动），刀架带着刀具快速移动，向棒料靠拢；接近棒料时按下步距选择键"×10"，减小手轮转动一圈时刀具移动的距离，如图7-13所示。

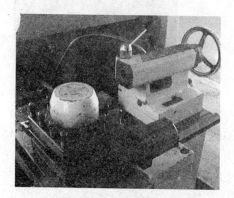
图7-12　偏刀转到一号刀位

图7-13　用步距选择键及手轮移动刀架

8）当偏刀要与棒料接触时，按下步距选择键"×10"，慢慢转动手轮，当车刀刀尖与棒料外圆端面接触时，停止转动手轮，准备进行 X 轴方向对刀，如图7-14所示。

图7-14　刀尖与棒料外圆端面接触

9）按下主轴正转键，按下"-X"按键，慢慢地转动手轮，刀尖进给切入棒料，当棒料的表面见光后；按下"-Z"按键，慢慢地转动手轮，车刀移动，将棒料的外圆切削出一定的长度（能够用游标卡尺或千分尺测量直径即可）后，停止转动手轮，如图7-15所示。

10）完成切削后不移动 X 轴，按下"+Z"按键，转动手轮退刀，如图7-16所示。

图 7-15　将棒料的外圆切削出一定长度

图 7-16　完成切削后退刀

11）刀架退出足够的距离后，按下主轴停止键，待主轴停止转动后，用游标卡尺测量已切削外圆的直径，如图 7-17 所示。

12）按下偏置量设定键，显示的画面如图 7-18 所示。然后按光标移动键移动光标到相应刀号的位置。现在 1 号刀在 01 位置，用按键输入"X"及"39.4"（测量所得的直径数值）。

图 7-17　测量已切削外圆的直径

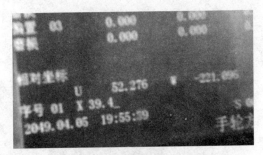

图 7-18　输入刀具号及直径数值

13）系统会依据所输入的数值，自动运算，这样就完成了 X 轴方向对刀，如图 7-19 所示。

14）同样完成 Z 轴方向对刀，即主轴正转，转动手轮使刀架靠近工件，车削端面后不移动 Z 轴，仅在 $+X$ 轴方向退刀，退出足够的距离后按下停止键；按下偏置量设定键后，移动光标到刀具号的位置，输入"Z"，"0"，按"输入"按键，完成 Z 轴方向对刀。

6. 自动加工工件

1）按下自动加工模式键及循环启动按钮，灯亮，如图 7-20 所示。系统按输入的程序执行操作。

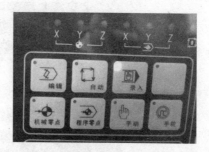

图 7-19 完成 X 轴方向对刀　　　图 7-20 按下自动加工模式键及循环启动按钮

2）显示屏上显示程序的内容，被选中的程序段（N0010）是正在加工的内容，如图 7-21 所示。

3）系统按输入的程序逐条执行，显示屏的左下方是动态字幕，是对加工程序段的解释（如正在显示"G01 直线切削中"），如图 7-22 所示，右下方是目前的切削方式（例如"自动加工"）。

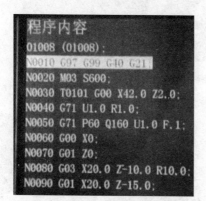

图 7-21 选中的程序段正在加工　　　图 7-22 左下方的动态字幕解释加工程序段

4）按所输入的程序（前四条 N0010、N0020、N0030、N0040），主轴正转，转速为 600r/min，1 号 93°偏刀的刀尖由坐标点（42，2）快速移动，进行外圆粗车循环，被吃刀量为 1mm，退刀量为 1mm，如图 7-23 所示。

5）运行到 N0050，车削路线由 N0060~N00160 指定，X 轴方向的车削余量为 1mm，Z 轴方向的车削余量为 1mm，如图 7-24 所示。

6）完成圆锥部分的粗车（锥体大径为 ϕ35mm、锥体小径为 ϕ26mm），如图 7-25 所示。

7）完成前部圆柱的粗车（圆柱的长度为 10mm、直径为 ϕ26mm），如图 7-26 所示。

图 7-23　进行外圆粗车循环

图 7-24　由指定路线车削外圆

图 7-25　完成圆锥部分的粗车

图 7-26　完成前部圆柱的粗车

8）完成前端半球及圆柱的粗车（球径 SR = 10mm，圆柱的长度为 5mm、直径为 φ10mm），如图 7-27 所示。

9）精车时，为了使零件的表面粗糙度达到要求，将进给率调节旋钮调到右侧最大（面板下部），如图 7-28 所示。

图 7-27　完成前端半球及圆柱的粗车

图 7-28　进给率调节
旋钮调到右侧最大

10）精车工件（G70 P60 Q160 S1000 F0.15;），加工路线由 N0060～N00160 指定，主轴转速为 1000r/min，进给量为 0.15mm/r，如图 7-29 所示。

11）偏刀完成对工件精车后，刀架快速退刀，回到换刀点（X100.0 Z100.0），如图 7-30 所示。

图 7-29　精车工件

图 7-30　完成精车后刀架回到换刀点

7. 手动切断工件

1）停止主轴转动，按下手动方式键及刀位选择键，刀架转动，切刀换到加工位置。按-Z 键，向刀架方向转动手轮（逆时针），刀架带着切刀向工件靠近，到达工件末端后，按-X 键，慢慢地转动手轮，使切刀刀尖与工件接触，准备将工件切断，如图 7-31 所示。

2）拉上防护罩，避免切屑伤人。让主轴正转，按-X 键，转动手轮进刀，对工件进行切断，如图 7-32 所示。

3）切断过程中发现火花四溅，这是不正常的现象，说明硬质合金的刀尖崩裂了（安装前未仔细检查刀尖或对刀时发生碰撞），要迅速停车，退刀，更换新的切刀，如图 7-33 所示。

4）切刀装夹到刀架上，用刀架扳手将紧固螺钉拧紧，如图 7-34 所示。

图7-31 转动手轮使切刀与工件接触

图7-32 切刀对工件切断

图7-33 更换新的切刀

图7-34 用刀架扳手将紧固螺钉拧紧

5）主轴正转，转动手轮进刀对工件切断，当棒料切削到剩余 $\phi4mm$ 时，转动手轮退刀、停车，将工件从棒料上掰断取下，完成工件的加工，如图 7-35 所示。

图7-35 棒料切削到剩余 $\phi4mm$ 时退刀

—————— •项目3 编程练习（零件上有锥度及螺纹）• ——————

1. 零件
待加工的圆锥零件的形状及尺寸如图 7-36 所示。

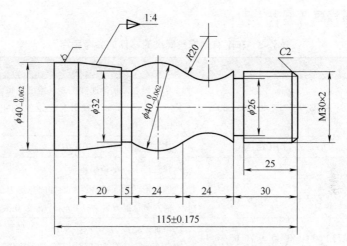

图 7-36　待加工的圆锥零件的形状与尺寸

2. 图形分析

工件上有复合圆弧，要掌握凹凸圆弧的加工方法及坐标点的计算。

3. 刀具的选择

硬质合金偏刀用于粗、精车外轮廓，刀尖半径 $R = 0.4mm$、置于 T01 刀位。硬质合金切刀，用于切削退刀槽及切断，置于 T02 刀位。硬质合金螺纹刀，用于车削工件前部的三角形螺纹，置于 T03 刀位。

4. 数值计算

工件车削后的总长为 115mm，前部需要车削螺纹（M30×2mm，螺纹的大径为 30mm，螺距为 2mm，螺纹的长度为 25mm，倒角为 C2mm），中部需要车削圆弧（凹弧半径为 20mm，凸弧直径为 $\phi40mm$），后部需要车削锥体（大头直径为 $\phi40mm$，锥度为 1：4，根据锥度 $\dfrac{1}{4} = \dfrac{40-d}{20}$，$d = 35mm$，即锥体小头的直径为 35mm）。

该零件的圆弧加工采用等径法，凹圆弧精车的起点坐标为（32，−30）、终点坐标为（32，−54）；凸圆弧精车的起点坐标为（32，−54）、终点坐标为（32，−78）。

图样上有公差值的尺寸，编程时取平均值，由此可得圆弧 $\phi40mm$ 的编程尺寸为 39.969；长度 115mm 的编程尺寸为 115mm。

自动加工前先对刀，设置编程原点在右端面的轴线上。

5. 编写程序（见表7-3）

表7-3 车削有锥度与螺纹的零件的参考程序

程序段号	程序内容	说明
N0010	G97 G99 G21 G40 M03 S800;	取消恒表面切削速度控制，速度为每转进给，米制输入，取消刀尖半径补偿，设主轴正转，转速为800r/min
N0020	T0101;	用93°偏刀，置于T01刀位
N0030	G00 X55.0 Z0.0;	快速进刀，准备粗车
N0040	G73 U10.5 W0.0 R10;	固定形状粗车循环，X轴方向总退刀量为10.5mm，Z轴方向总退刀量为0.0mm，循环10次
N0050	G73 P60 Q150 U0.5 W0.05 F0.15;	精加工路线为N0060~N0150，X轴方向精加工余量为0.5mm，Z轴方向精加工余量为0.05mm
N0060	G00 X0.0;	快速进刀
N0070	G01 Z0.0;	进刀
N0075	X28.0;	进刀至端面
N0077	X32.0 Z-2.0;	倒角（图样右端前部）
N0078	Z-30.0;	车φ30mm外圆
N0080	X32.0;	进刀至凹弧的起点
N0090	G02 X32.0 Z-54.0 R20.0;	凹弧终点的绝对坐标为（32，-54），圆弧半径为20mm
N0100	G03 X32.0 Z-78.0 R20.0;	凸弧终点的绝对坐标为（32，-78），圆弧半径为20mm
N0110	G01 Z-83.0;	进刀
N0120	X35.0;	进刀至锥体小头
N0130	X40.0 Z-103.0;	进刀至锥体大头
N0140	Z-120.0;	进刀
N0150	G00 X55.0 Z0.0;	快速退刀
N0170	M05;	主轴停止
N0180	M00;	程序停止
N0190	M03 S1200 F0.1;	主轴正转，转速为1200r/min，进给量为0.1mm/r
N0195	G00 X55.0 Z0.0;	进刀
N0197	G70 P60 Q150 F0.1;	精加工循环，路线为N0060~N0150，进给量为0.1mm/r
N0207	G00 X200.0 Z100.0;	回到换刀点
N0217	T0202;	换刀（切刀）

（续）

程序段号	程序内容	说明
N0227	M03 S400 F0.1;	主轴正转，转速为 400r/min，进给量为 0.1mm/r
N0237	G00 X32.5 Z-30.0;	快速进刀
N0247	G01 X26.0;	切退刀槽，为加工螺纹做准备
N0257	G00 X100.0;	回到换刀点
N0267	Z100.0;	
N0277	T0303;	换刀（螺纹刀）
N0287	S400;	转速为 400r/min
N0297	G00 X32.0 Z6.0;	快速进刀
N0307	G92 X29.2 Z-26.0 F2;	循环车削螺纹，进给量为 2mm/r。螺距为 2mm，第一刀切削深度为 0.8mm
N0317	X28.5;	第二刀切削深度为 0.7mm
N0327	X28.0;	第三刀切削深度为 0.5mm
N0337	X27.5;	第四刀切削深度为 0.5mm
N0347	X27.4;	第五刀切削深度为 0.1mm
N0357	X27.3;	第六刀切削深度为 0.1mm
N0367	G00 X100 Z100;	回到换刀点
N0377	T0202;	换刀
N0387	S400;	转速为 400r/min
N0397	G00 Z-120.0;	快速进刀
N0402	X42.0;	慢速进刀
N0407	G01 X3.0 F0.1;	进刀切断
N0417	G00 X100.0;	回到换刀点
N0427	Z100.0;	
N0437	M30;	程序结束

6. 输入程序并检查

将编写的程序输入系统时，系统会根据内部所存程序的数量，自动命名该程序号为"O5004"，依次将编写的程序逐行输入，换行时系统自动生成换行符";"，如图 7-37~图 7-41 所示。

7. 装夹工件并对刀

1）根据工件的加工内容，准备相应的刀具，装夹到相应的刀位。车削该工件需要用三把刀完成加工，分别为外圆刀（一号刀具、补偿号为 01，程序中为

T0101)、切刀（二号刀具、补偿号为 02，程序中为 T0202）、螺纹刀（三号刀具、补偿号为 03，程序中为 T0303），装夹到相应的刀位后，用刀架扳手将紧固螺钉拧紧，如图 7-42 所示。

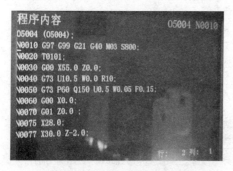

图 7-37　第一页程序内容

图 7-38　第二页程序内容

图 7-39　第三页程序内容

图 7-40　第四页程序内容

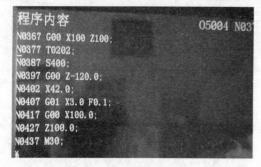

图 7-41　第五页程序内容

图 7-42　将三把刀具装夹到相应的位置

2）棒料放入自定心卡盘内，根据图样的尺寸，棒料要从卡盘孔中探出适当的长度，用游标卡尺检查棒料的长度后，用卡盘扳手将三个卡爪拧紧，如图 7-43

所示。

3）主轴正转，准备用外圆刀车削工件的端面，如图7-44所示。操作者眼睛看着车刀与工件的位置，转动手轮使刀具切入工件表面，控制好切削深度和进给量，如图7-45所示。

图7-43　检查棒料探出的长度后拧紧卡爪

图7-44　外圆刀靠近工件

用千分尺测量切削后工件的直径，如图7-46所示。将测量的数据输入所编的程序中，如图7-47所示。

图7-45　转动手轮控制切削

图7-46　用千分尺测量切削后工件的直径

8. 自动加工工件

1）用二号切刀车削工件的端面，如图7-48所示。按下循环启动按钮，系统按编程进行自动加工，如图7-49所示。

2）用外圆刀粗车工件轮廓（程序中的N0040～N0195），如图7-50所示。精车工件，如图7-51所示。

图 7-47 将测量的数据输入所编的程序中

图 7-48 车削工件端面

图 7-49 按下循环启动按钮

图 7-50 粗车工件轮廓

换螺纹刀车削工件前部的螺纹，如图 7-52 所示。完成工件加工后，用切刀对工件的尾部进行切断，剩余 5mm 左右停车，如图 7-53 所示。然后用手轮控制刀具，低转速完成最后的切断，以免发生危险或损坏工件，如图 7-54所示。

图 7-51 精车工件

图 7-52 车削工件前部的螺纹

图 7-53　对工件尾部进行切断

图 7-54　手动完成工件的切断

模块8

检验学习效果的几个零件

阐述说明

　　通过对数控车削加工工艺、数控编程的基础知识、轴套类零件、成形面类零件、螺纹加工程序的学习后，对所学的效果可以通过加工几个工件来检验。

　　1. 用于检验学习效果的几个基础练习工件，如图 8-1 所示。

　　2. 对图 8-1 中的零件进行分析，这几个均为轴类零件。可分为两类：一类是零件上无螺纹的（图 8-1 中左边第 2 个）；另一类是零件上有三角螺纹（图 8-1 中其余四个，螺纹所处的位置不同）。螺纹加工是车削加工中常见且需要掌握的技能。通过

图 8-1　几个基础练习工件

对零件编程加工，能够检验出读者对前面所学知识的掌握情况。下面对上述两类零件逐个编程加工，采用格式为：零件的图样+加工完成的零件+加工所编写的程序，便于读者进行加工练习。

　　1）第一类零件考查读者对阶梯轴的综合加工，以及对 G00、G01、G02、G71、G70 等指令代码的掌握，零件需要调头装夹，用一把车刀完成加工。零件的图样如图 8-2 所示，加工完成的零件如图 8-3 所示。

　　2）编程。参考程序见表 8-1 和表 8-2。

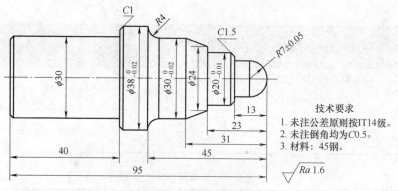

图 8-2 零件的图样

技术要求
1. 未注公差原则按IT14级。
2. 未注倒角均为C0.5。
3. 材料：45钢。

$\sqrt{}$ Ra 1.6

图 8-3 加工完成的零件

表 8-1 参考程序之一

程序段号	程序内容	说明
程序号：O8001		
N10	G99 G97 G40 G21 M03 S600;	取消刀具补偿，米制输入，设主轴正转，转速为600r/min
N20	T0101;	用硬质合金90°偏刀
N30	M08;	切削液开
N40	G00 X40.0 Z5.0;	快速定位到加工的起点
N50	G71 U1 R1;	外圆粗加工循环，背吃刀量为1mm，退刀量为1mm
N60	G71 P1 Q2 U0.5 F0.3;	外圆粗加工循环，精加工路线的第一个程序段为N70（P1），精加工路线的最后一个程序段为N130（Q2），切削深度为0.3mm
N70	P1：G00 X26.0;	
N80	G01 Z0.0;	
N90	X30.0 Z-2.0;	
N100	Z-35.0;	定义精加工轮廓
N110	X34.0;	
N120	X38.0 Z-37.0;	
N130	Q2：Z-50.0;	

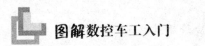

（续）

程序号：O8001		
程序段号	程序内容	说明
N140	Q70.0 P1 Q2 S1200 F0.1;	精加工循环 N70~N130（P1~Q2）
N150	G00 X100.0 Z100.0;	回到换刀点
N160	M05;	主轴停止
N170	M30;	程序结束

表8-2　参考程序之二

程序号：O8002（调头装夹后的程序）		
程序段号	程序内容	说明
N10	G99 G97 G40 G21 M03 S600;	取消刀具补偿，米制输入，设主轴正转，转速为600r/min
N20	T0101;	用硬质合金90°偏刀
N30	M08;	切削液开
N40	G00 X40.0 Z5.0;	快速定位到加工的起点
N50	G71 U1 R1;	外圆粗加工循环，背吃刀量为1mm，退刀量为1mm
N60	G71 P1 Q2 U0.5 F0.3;	外圆粗加工循环，精加工路线的第一个程序段为N70（P1），精加工路线的最后一个程序段为N170（Q2），切削深度为0.3mm
N70	P1；G00 X0.0;	
N80	G01 Z0.0;	
N90	G02 X14.0 Z-7.0 R7;	
N100	G01 Z-13.0;	
N110	X17.0;	
N120	X20.0 Z-14.5;	定义精加工轮廓
N130	Z-23.0;	
N140	X24.0;	
N150	X30.0 Z33.0;	
N160	Z-41.0;	
N170	Q2 G02 X38 Z-45 R4;	
N180	G70 P1 Q2 S1200 F0.1;	精加工循环 N70~N170（P1~Q2）
N190	G00 X100 Z100;	回到换刀点
N200	M05	主轴停止
N210	M30	程序结束

3. 第二类零件（之一）其前部为半球后部接螺纹，需要调头装夹，用三把刀即外圆刀、切槽刀、螺纹刀来完成。

1）该零件考查读者对指令代码 G00、G01、G03、G71、G70、G92 的掌握情况。零件的图样如图 8-4 所示，加工完成的零件如图 8-5 所示。

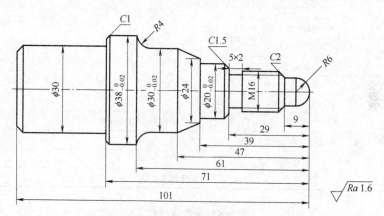

图 8-4　零件的图样

图 8-5　加工完成的零件

2）编程。参考程序见表 8-3 和表 8-4。

表 8-3　参考程序之一

程序号：O8003		
程序段号	程序内容	说明
N10	G99 G97 G40 G21 M03 S600;	取消刀补，米制输入，设主轴正转，转速为 600r/min
N20	T0101;	用硬质合金 90° 偏刀
N30	M08;	切削液开
N40	G00 X40.0 Z5.0;	快速定位到加工的起点
N50	G71 U1 R1;	外圆粗加工循环，背吃刀量为 1mm，退刀量为 1mm
N60	G71 P1 Q2 U0.5 F0.3;	外圆粗加工循环，精加工路线的第一个程序段为 N70（P1），精加工路线的最后一个程序段为 N130（Q2），切削深度为 0.3mm

（续）

程序号：O8003		
程序段号	程序内容	说明
N70	P1 G00 X26.0;	
N80	G01 Z0.0;	
N90	X30 Z-2;	
N100	Z-29.0;	定义精加工轮廓
N110	X36.0;	
N120	X38.0 Z-30.0;	
N130	Q2 Z-40.0;	
N140	G70 P1 Q2 S1200 F0.1;	精加工循环 N70~N130（P1~Q2）
N150	G00 X100 Z100.0;	回到换刀点
N160	M05	主轴停止
N170	M30	程序结束

表 8-4 参考程序之二

程序号：O8004（调头装夹后的程序）		
程序段号	程序内容	说明
N10	G99 G97 G40 G21 M03 S600;	取消刀具补偿，米制输入，设主轴正转，转速为 600r/min
N20	T0101;	用硬质合金 90°偏刀
N30	M08;	切削液开
N40	G00 X41.0 Z5.0;	快速定位到加工的起点
N50	G71 U1 R1;	外圆粗加工循环，背吃刀量为 1mm，退刀量为 1mm
N60	G71 P1 Q2 U0.5 F0.3;	外圆粗加工循环，精加工路线的第一个程序段为 N70（P1），精加工路线的最后一个程序段为 N190（Q2），切削深度为 0.3mm
N70	P1 G00 X0.0;	
N80	G01 Z0.0;	
N90	G03 X12.0 Z-6.0 R6;	
N100	G01 Z-9.0;	
N110	X15.6 Z-10.8;	
N120	Z-29.0;	
N130	X17;	定义精加工轮廓
N140	X20.0 Z-30.5;	
N150	Z-39.0;	
N160	X24.0;	
N170	X30 Z-47;	
N180	Z-57.0;	
N190	Q2 G02 X38 Z-61 R4;	

（续）

程序号：O8004 （调头装夹后的程序）		
程序段号	程序内容	说明
N200	G70 P1 Q2 S1200 F0.1;	精加工循环 N70～N190 （P1～Q2）
N210	G00 X120;	快速退刀
N220	Z5.0;	刀尖距离编程原点 5mm
N230	T0202 S300 F0.05;	换刀
N240	G00 X21 Z−29;	进刀
N250	G97 X12;	取消主轴恒定转速控制
N260	Z−28.5;	车削外圆
N270	G00 X20;	退刀
N280	Z5.0;	退刀
N290	T0303 S600;	换螺纹刀
N300	G00 X20;	移刀
N310	Z2.0;	移刀
N320	G92 X15 Z−26 F2.0;	螺纹切削循环
N330	X14.5;	切削螺纹
N340	X14;	
N350	X13.7;	
N360	X13.4;	
N370	G00 X100;	退刀
N380	Z50;	退刀
N390	M05;	主轴停止
N400	M30;	程序结束

4. 第二类零件（之二）其前部为螺纹接退刀槽，后部为圆锥面和阶梯轴，需调头装夹，用三把刀完成。

1）该零件考查读者对指令代码 G00、G01、G71、G70、G92、G94 的掌握情况。零件的图样如图 8-6 所示，加工完成的零件如图 8-7 所示。

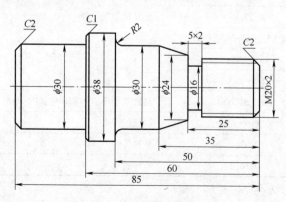

图 8-6 零件的图样

图 8-7　加工完成的零件

2）编程。参考程序见表 8-5 和表 8-6。

表 8-5　参考程序之一

程序段号	程序内容	说明
程序号：O8005		
N10	G99 G97 G40 G21 M03 S600;	取消刀具补偿，米制输入，设主轴正转，转速为 600r/min
N20	T0101;	用硬质合金 90°偏刀
N30	M08;	切削液开
N40	G00 X40.0 Z5.0;	快速定位到加工的起点
N50	G71 U1 R1;	外圆粗加工循环，背吃刀量为 1mm，退刀量为 1mm
N60	G71 P1 Q2 U0.5 F0.3;	外圆粗加工循环，精加工路线的第一个程序段为 N70（P1），精加工路线的最后一个程序段为 N130（Q2），切削深度为 0.3mm
N70	P1 G00 X27.0;	
N80	G01 Z0.0;	
N90	X30.0 Z-1.5;	
N100	Z-27.0;	定义精加工轮廓
N110	G02 X36.0 Z-30.0 R3;	
N120	G01 X38;	
N130	Q2 Z-40.0;	
N140	G70 P1 Q2 S1200 F0.1;	精加工循环 N70~N130（P1~Q2）
N150	G00 X100 Z100;	回到换刀点
N160	M05;	主轴停止
N170	M30;	程序结束

表8-6　参考程序之二

程序段号	程序内容	说明
	程序号：O8006（调头装夹后的程序）	
N10	G99 G97 G40 G21 M03 S600；	取消刀具补偿，米制输入，设主轴正转，转速为600r/min
N20	T0101；	用硬质合金90°偏刀
N30	M08；	切削液开
N40	G00 X40.0 Z5.0；	快速定位到加工的起点
N50	G71 U1 R1；	外圆粗加工循环，背吃刀量为1mm，退刀量为1mm
N60	G71 P1 Q2 U0.5 F0.3；	外圆粗加工循环，精加工路线的第一个程序段为N70（P1），精加工路线的最后一个程序段为N180（Q2），切削深度为0.3mm
N70	P1 G00 X17.0；	
N80	G01 Z0.0；	
N90	X19.6 Z-1.3；	
N100	Z-24.0；	
N110	X20.0；	
N120	X22 Z-25.0；	
N130	Z-34；	定义精加工轮廓
N140	X26.0；	
N150	X32 Z-49.0；	
N160	Z-57.0；	
N170	G02 X36 Z-59 R2；	
N180	Q2 G01 X38；	
N190	G70 P1 Q2 S1200 F0.1；	精加工循环N70~N180（P1~Q2）
N200	G00 X100 Z100.0；	回到换刀点
N210	T0202 S300 F0.05；	换刀
N220	G00 Z-24；	进刀
N230	X22；	进刀
N240	G94 X16；	端面切削循环
N250	G00 X120；	退刀
N260	Z5.0；	退刀
N270	T0303 S600；	换螺纹刀
N280	G00 X23；	进刀

（续）

程序号：O8006（调头装夹后的程序）		
程序段号	程序内容	说明
N290	Z2.0;	进刀
N300	G92 X19 Z-22 F2.0;	螺纹切削循环
N310	X18.5;	切削螺纹
N320	X18.1;	
N330	X17.8;	
N340	X17.6;	
N350	X17.4;	
N360	G00 X120 Z100.0;	回到换刀点
N370	M05;	主轴停止
N380	M30;	程序结束

5. 第二类零件（之三）其前部依次为半球、圆锥、圆柱、螺纹、退刀槽，后部为阶梯轴，需调头装夹，用三把刀完成。

1）该零件考查读者对 G00、G01、G03、G71、G70、G92、G94 等指令代码的掌握情况。零件的图样如图 8-8 所示，加工完成的零件如图 8-9 所示。

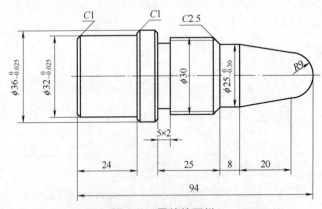

图 8-8　零件的图样

图 8-9　加工完成的零件

2）编程。参考程序见表8-7和表8-8。

表8-7 参考程序之一

程序号：O8007		
程序段号	程序内容	说明
N10	G99 G97 G40 G21 M03 S600;	取消刀具补偿，米制输入，设主轴正转，转速为600r/min
N20	T0101;	用硬质合金90°偏刀
N30	M08;	切削液开
N40	G00 X40.0 Z5.0;	快速定位到加工的起点
N50	G71 U1 R1;	外圆粗加工循环，背吃刀量为1mm，退刀量为1mm
N60	G71 P1 Q2 U0.5 F0.3;	外圆粗加工循环，精加工路线的第一个程序段为N70（P1），精加工路线的最后一个程序段为N130（Q2），切削深度为0.3mm
N70	P1 G00 X30.0;	定义精加工轮廓
N80	G01 Z0.0;	
N90	X32.0 Z-1.0;	
N100	Z-24.0;	
N110	X34.0;	
N120	X36 Z-25;	
N130	Q2 Z-35.0;	
N140	G70 P1 Q2 S1200 F0.1;	精加工循环 N70~N130（P1~Q2）
N150	G00 X100 Z100;	回到换刀点
N160	M05;	主轴停止
N170	M30;	程序结束

表8-8 参考程序之二

程序号：O8008（调头装夹后的程序）		
程序段号	程序内容	说明
N10	G99 G97 G40 G21 M03 S600;	取消刀具补偿，米制输入，设主轴正转，转速为600r/min
N20	T0101;	用硬质合金90°偏刀
N30	M08;	切削液开
N40	G00 X40.0 Z5.0;	快速定位到加工的起点
N50	G71 U1 R1;	外圆粗加工循环，背吃刀量为1mm，退刀量为1mm

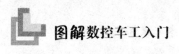
（续）

程序段号	程序内容	说明
	程序号：O8008（调头装夹后的程序）	
N60	G71 P1 Q2 U0.5 F0.3；	外圆粗加工循环，精加工路线的第一个程序段为N70（P1），精加工路线的最后一个程序段为N150（Q2），切削深度为0.3mm
N70	P1 G00 X0.0；	定义精加工轮廓
N80	G01 Z0.0；	
N90	G03 X18.0 Z-9 R9；	
N100	G01 X25 Z-29.0；	
N110	Z-37；	
N120	X29.6 Z-39.3；	
N130	Z-62；	
N140	X34.0；	
N150	Q2 X36 Z-63；	
N160	G70 P1 Q2 S1200 F0.1；	精加工循环 N70~N150（P1~Q2）
N170	G00 X150；	退刀
N180	Z50；	退刀
N190	T0202 S300 F0.05；	换刀
N200	G00 Z-62；	进刀
N210	X32；	进刀
N220	G94 X26；	端面切削循环
N230	G00 X150；	退刀
N240	Z50；	退刀
N250	T0303 S600；	换刀
N260	G00 X32；	进刀
N270	Z-37.0；	直线进给
N280	G92 X29 Z-59；	螺纹切削循环
N290	X28.5；	切削螺纹
N300	X28.1；	
N310	X27.8；	
N320	X27.5；	
N330	G00 X150 Z100；	回到换刀点
N340	M05；	主轴停止
N350	M30；	程序结束

6. 第二类零件（之四），其前部为半球、螺纹、退刀槽、圆锥，后部为阶梯轴，需调头装夹，用三把刀完成。

1）该零件考查读者对 G00、G01、G02、G03、G71、G70、G92、G94 等指令代码的掌握情况。零件的图样如图 8-10 所示，加工完成的零件如图 8-11 所示。

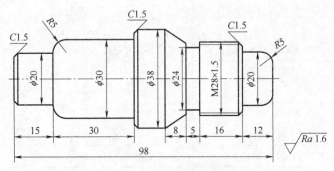

图 8-10　零件的图样

图 8-11　加工完成的零件

2）编程。参考程序见表 8-9 和表 8-10。

表 8-9　参考程序之一

程序段号	程序内容	说明
	程序号：O8009	
N10	G99 G97 G40 G21 M03 S600;	取消刀具补偿，米制输入，设主轴正转，转速为 600r/min
N20	T0101;	用硬质合金 90°偏刀
N30	M08;	切削液开
N40	G00 X40.0 Z5.0;	快速定位到加工的起点
N50	G71 U1 R1;	外圆粗加工循环，背吃刀量为 1mm，退刀量为 1mm
N60	G71 P1 Q2 U0.5 F0.3;	外圆粗加工循环，精加工路线的第一个程序段为 N70（P1），精加工路线的最后一个程序段为 N150（Q2），切削深度为 0.3mm

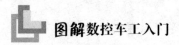

（续）

	程序号：O8009	
程序段号	程序内容	说明
N70	P1 G00 X17.0;	
N80	X20 Z-1.5;	
N90	Z-15;	
N100	X25.0;	
N110	G03 X30.0 Z-2.0 R5;	定义精加工轮廓
N120	G01 Z-45;	
N130	X35;	
N140	X38 Z-46.5;	
N150	Q2 Z60;	
N160	G70 P1 Q2 S1200 F0.1;	精加工循环 N70~N150（P1~Q2）
N170	G00 X100 Z100;	回到换刀点
N180	M05;	主轴停止
N190	M30;	程序结束

表 8-10　参考程序之二

	程序号：O8010（调头装夹后的程序）	
程序段号	程序内容	说明
N10	G99 G97 G40 G21 M03 S600;	取消刀具补偿，米制输入，设主轴正转，转速为 600r/min
N20	T0101;	用硬质合金90°偏刀
N30	M08;	切削液开
N40	G00 X40.0 Z5.0;	快速定位到加工的起点
N50	G71 U1 R1;	外圆粗加工循环，背吃刀量为1mm，退刀量为1mm
N60	G71 P1 Q2 U0.5 F0.3;	外圆粗加工循环，精加工路线的第一个程序段为 N70（P1），精加工路线的最后一个程序段为 N140（Q2），切削深度为0.3mm
N70	P1 G00 X10.0;	
N80	G01 Z0.0;	
N90	G03 X20.0 Z-5 R5;	
N100	G01 Z-12.0;	
N110	X25;	定义精加工轮廓
N120	X27.6 Z-13.3;	
N130	Z-33;	
N140	Q2 X38.0 Z-41;	

（续）

程序号：O8010（调头装夹后的程序）		
程序段号	程序内容	说明
N150	G70 P1 Q2 S1200 F0.1；	精加工循环 N70～N140（P1～Q2）
N160	G00 X100 Z100；	回到换刀点
N170	T0202 S300 F0.05；	换切刀
N180	G00 Z-33；	移刀
N190	X29；	移刀
N200	G94 X24；	端面切削循环
N210	G00 X150 Z100；	回到换刀点
N220	T0303 S600；	换螺纹刀
N230	G00 X30；	移刀
N240	Z-10；	移刀
N250	G92 X27 Z-30 F1.5；	螺纹切削循环
N260	X26.6；	
N270	X26.3；	切螺纹
N280	X26.1；	
N290	X26.05；	
N300	G00 X100 Z100；	回到换刀点
N310	M05；	主轴停止
N320	M30；	程序结束

7. 完成上述两类零件的练习后，因有螺纹的零件为四个，无螺纹的零件只有一个，故而又提供两个无螺纹件（砸核桃小锤、子弹头），算是趣味练习吧！

1）砸核桃小锤的基本原型为阶梯轴，由多个圆柱面和圆锥面组成，采用一把外圆偏刀可以完成加工。该零件考查读者对 G00、G01、G02、G03、G71、G70 等指令代码的掌握。零件的图样如图 8-12 所示，加工完成的零件如图 8-13 所示。

2）编程。参考程序见表 8-11。

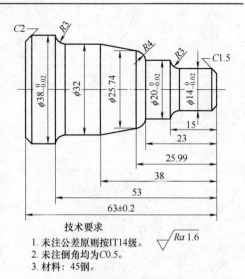

技术要求

1. 未注公差原则按IT14级。
2. 未注倒角均为C0.5。
3. 材料：45钢。

$\sqrt{Ra\ 1.6}$

图 8-12　零件的图样

图 8-13　完成加工的零件

表 8-11　参考程序

程序号：O8011		
程序段号	程序内容	说明
N10	G99 G97 G40 G21 M03 S600;	取消刀具补偿，米制输入，设主轴正转，转速为 600r/min
N20	T0101;	用硬质合金 90° 偏刀
N30	M08;	切削液开
N40	G00 X41 Z2.0 F0.25;	快速定位到加工的起点
N50	G71 U1 R1;	外圆粗加工循环，背吃刀量为 1mm，退刀量为 1mm
N60	G71 P1 Q2 U0.5;	外圆粗加工循环，精加工路线的第一个程序段为 N70（P1），精加工路线的最后一个程序段为 N210（Q2），切削深度为 0.3mm
N70	P1 G00 X0.0;	定义精加工轮廓
N80	G1 Z0.0;	
N90	X11;	
N100	X25.0;	
N110	X14.0 Z−1.5;	
N120	Z−12;	
N130	G02 X2.0 Z−15 R3;	
N140	G01 Z−23;	
N150	G03 X25.74 Z−25.99 R4;	
N160	G01 X32 Z−38;	
N170	Z−50;	
N180	G02 X38 Z−53 R3;	
N190	G01 Z−61;	
N200	X34 Z−63;	
N210	Q2 Z−70;	

（续）

程序号：O8011		
程序段号	程序内容	说明
N220	G70 P1 Q2 S1000 F0.1；	精加工循环 N70～N210（P1～Q2）
N230	G00 X100 Z100；	回到换刀点
N240	M5；	主轴停止
N250	M30；	程序结束

8. 子弹头由多个圆柱面和圆锥面组成，采用一把外圆偏刀可以完成加工。

1）该零件考查读者对 G00、G01、G03、G71、G70 等指令代码的掌握。零件的图样如图 8-14 所示，加工完成的零件如图 8-15 所示。

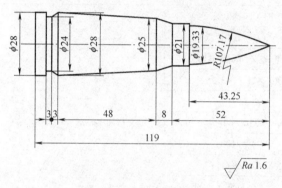

图 8-14 零件的图样

图 8-15 加工完成的零件

2）编程。参考程序见表 8-12。

表 8-12 参考程序

程序段号	程序内容	说明
	程序号：O8012	
N10	G99 G97 G40 G21 F0.3;	取消刀具补偿，米制输入，设主轴正转，转速为
N20	M03 S400;	400r/min
N30	T0101;	用硬质合金 90° 偏刀
N40	M08;	切削液开
N50	G00 X41.0 Z2.0;	快速定位到加工的起点
N60	G71 U1 R1;	外圆粗加工循环，背吃刀量为 1mm，退刀量为 1mm
N70	G71 P1 Q2 U0.5 W0.05;	外圆粗加工循环，精加工路线的第一个程序段为 N80（P1），精加工路线的最后一个程序段为 N180（Q2），切削深度为 0.3mm
N80	P1 G00 X0.0;	
N90	G01 Z0.0;	
N100	G03 X19.33 Z-43.25 R107.17;	
N110	G01 X21 Z-43.25;	
N120	Z-52.0;	
N130	X25 Z-60;	定义精加工轮廓
N140	X28 Z-108;	
N150	X24.1 Z-111;	
N160	Z-115;	
N170	X28;	
N180	Q2 Z-119;	
N190	G70 P1 Q2 S800 F0.1;	精加工循环 N80~N180（P1~Q2）
N200	G00 X100 Z100;	回到换刀点
N210	M05;	主轴停止
N220	M30;	程序结束

数控车削习题及参考答案

● 习题 1 ●

一、填空题（将正确答案填在括号内）

1. 数控车床是用来加工轴类零件的（　　　　）、（　　　　）、（　　　　）和（　　　　）的。

2. CNC 系统的含义是（　　　　　　）。其中，C 表示（　　　）、N 表示（　　　）、C 表示（　　　）。

3. 数控车床加工中的切削用量包括（　　　　　　）、（　　　　　　）和（　　　　　　）。切削速度的计算公式为（　　　　　　）。

4. 一个完整的程序由（　　　　）、（　　　　）和（　　　　）组成。

5. 写出程序段中主要字的含义：G 为（　　　　　　）、M 为（　　　　　　）、T 为（　　　　）、F 为（　　　　）、S 为（　　　　　　）。

6. G 代码分模态代码和非模态代码两种，模态代码是指（　　　　　　　　　　　　　　　　），非模态代码是指（　　　　　　　　　　　　）。

7. T 功能 T0400 指令中"04"表示（　　　　　　　　　），"00"表示（　　　　　　　　　）。

8. 数控车床一般有（　　　）个坐标轴，分别为（　　　）和（　　　）。

二、判断题（对画√，错画×）

1. 数控车床可加工形状复杂的回转体零件。　　　　　　　　　　　（　　　）

2. G 代码为辅助功能代码。　　　　　　　　　　　　　　　　　　（　　　）

3. 数控车床坐标轴只有 X、Z 两个坐标轴。　　　　　　　　　　（　　　）

4. 零件坐标系是编程时使用的坐标系。 （　　）

5. 加工指令程序中的 F 指令只指切削速度，不能指其他内容。 （　　）

6. M03 代码表示程序停止。 （　　）

三、问答题

1. CJK6140A 是哪种类型的机床？说明其型号的含义。

2. 什么是零件坐标系？为什么编程时要确定零件原点？

3. 简述常用车刀的种类及用途。

4. 简述数控编程的主要内容及步骤。

5. 简述 M00 指令与 M01 指令的区别。

•习题 1 参考答案•

一、填空题

1. 内外圆柱面；圆锥面；成形面；螺纹

2. 计算机数控系统；车床；数字；控制

3. 背吃刀量（切削深度）a_p；进给量 f；切削速度 v_c；$v_c = \dfrac{\pi dn}{1000}$

4. 程序号；程序内容；程序结束

5. 准备功能；辅助功能；刀具功能；进给功能；主轴转速功能

6. 该 G 代码在一个程序段中的功能一直保持到被取消或被同组的另一个 G 代码所代替；该 G 代码只在有该代码的程序段中有效

7. 4 号刀具；4 号刀具结束加工后，取消刀具补偿

8. 两；X 轴；Z 轴

二、判断题

1. (√)　　2. (×)　　3. (√)　　4. (√)　　5. (×)　　6. (×)

三、问答题

1. CJK6140A 是卧式数控车床。其型号的含义如下

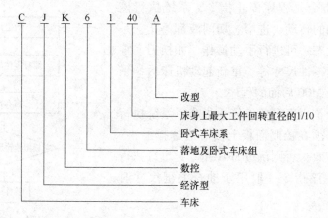

2. 零件坐标系是为了方便编程，在零件图上适当选定一点，该点应尽量设置在零件的工艺基准或设计基准上，并以此点作为坐标系原点，再建立一个新的坐标系，这就是零件坐标系（或编程坐标系）。

3. 车刀主要分为焊接式车刀与机械夹紧式可转位车刀两大类。用途是车外圆、车端面、切槽、车螺纹、车内孔。

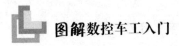

4.

附表 1-1

内容	说明
分析零件图、确定零件的加工工艺	依据图样的尺寸、形状及技术要求，选择加工方案、确定加工顺序、加工路线、装夹方式、刀具及切削参数，正确选择对刀点、换刀点，减少换刀次数
数值计算	计算零件粗、精加工的运动轨迹。当零件图样坐标系与编程坐标系不一致时，需要对坐标进行换算。对于形状比较简单的零件（直线及圆弧组成的零件）的轮廓加工，需要计算出几何元素的起点、终点、圆弧的圆心、两几何元素的交点或切点的坐标值
编写零件加工程序单	根据数控系统的功能指令代码及程序段格式，编写加工程序单，填写有关的工艺文件，如加工工序卡、数控刀具卡、加工程序单等
输入程序	手动输入数据或通过计算机传送至机床数控系统
程序检验与首件试切	可以在数控仿真系统上仿真加工过程、空运行观察走刀路线是否正确，但这只能检验出运动是否正确，不能检验出被加工零件的加工精度。因此要进行零件的首件试切

数控编程的主要步骤如附图 1-1 所示。

5. M00 指令是程序停止指令，系统执行该指令时，主轴的转动、进给、切削液都停止，系统保持这种状态。可进行手动操作，如换刀、零件调头、测量零件尺寸等。重新起动机床后，系统会继续执行 M00 后面的程序。

M01 指令是程序有条件停止指令，系统执行该指令时，必须在控制面板上按下"选择停止"键，M01 才有效，否则跳过 M01 指令，继续执行后面的程序。该指令一般用于抽查关键尺寸时使用。

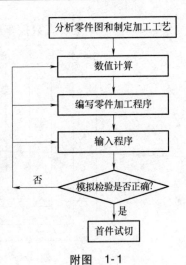

附图 1-1

174

•习题2•

一、填空题

1. 阶梯轴的加工有（　　　　　）和（　　　　　）两种方法。

2. 精加工零件轮廓的尺寸偏差较大时，编程尺寸应取（　　　　　）。

3. G00、G01 指令均属于（　　　）态代码。

4. （　　　　　　　　　　　　　　　　　　　　　　　　　　）
称为刀尖半径补偿。

5. CKA6150 控制机床刀架前置时，常用的刀尖方位 T 为：外圆右偏刀 T =
（　　　），镗孔右偏刀 T =（　　　）。

6. G41 为（　　　　　　　）指令，G42 为（　　　　　　　）指令，
G40 为（　　　　　　　）指令。

7. G90 指令格式中的 R 值为（　　　　　　　　　　　），该值有
正负号。若（　　　　　　　　　　）则 R 取负值；反之则 R 取
正值。

8. G71 指令主要应用于（　　　　　　）毛坯的加工，其格式中的 Δd
为（　　　　　　　　　　　）；e 为（　　　　　　　　　　）；Δu 为
（　　　　　　　　　　　　　　　）；Δw 为
（　　　　　　　　　　　　　　　　　　）。

9. G73 指令主要应用于（　　　　　　　　）毛坯的加工，其格式中
Δi 为（　　　　　　　　　　　　　　　　　　　　）；
Δk 为（　　　　　　　　　　　　　　）。

10. 切槽时在整个加工程序中应采取（　　　）个刀位点，常用（　　　　）
为刀位点。

11. G04 指令用于（　　　　　　），为（　　　）态代码。

二、编程题

1. 加工如附图 2-1 所示的零件，材料为 45 钢，选用 CKA6150 机床，最大背
吃刀量 $a_p \leqslant 2.5$mm，毛坯及零件尺寸见附表 2-1，试编写单件生产程序。

2. 编制如附图 2-2 所示零件的加工程序，已知毛坯尺寸为 ϕ35mm×120mm，
材料为 45 钢，选用 CKA6150 机床，最大背吃刀量 $a_p \leqslant 2.0$mm。

3. 零件的图样如附图 2-3 所示，已知毛坯尺寸为 ϕ60mm×80mm，材料为 45
钢，若加工 ϕ40mm 外圆及两个锥面，试用循环指令编写加工程序。

4. 零件的图样如附图 2-4 所示。毛坯为 ϕ40mm×80mm 的棒料，材料为 45
钢，选用 CKA6150 机床，最大背吃刀量 $a_p \leqslant 2.5$mm，试编写加工程序。

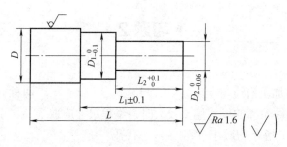

附图　2-1

附表　2-1　　　　　　　　　　　　　　（单位：mm）

件号	毛坯尺寸 D×L	D_1	D_2	L_1	L_2
1	$\phi80×100$	$\phi74$	$\phi70$	72	54
2	$\phi65×80$	$\phi60$	$\phi54$	55	38
3	$\phi40×65$	$\phi34$	$\phi30$	40	34
4	$\phi35×50$	$\phi30$	$\phi26$	28	15
5	$\phi30×45$	$\phi26$	$\phi20$	20	10

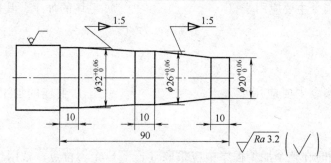

附图　2-2

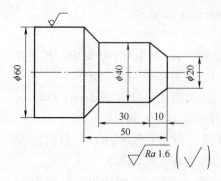

附图　2-3

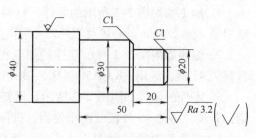

附图　2-4

●习题 2 参考答案●

一、填空题

1. 低台阶车削；高台阶车削

2. 极限尺寸的平均值

3. 模

4. 切削加工中，刀尖的圆弧中心始终与实际切削点保持一个刀尖圆弧半径值，编程采用刀尖圆弧圆心作为刀尖点

5. 3；2

6. 左刀尖半径补偿；右刀尖半径补偿；取消刀尖半径补偿

7. 切削起点与终点的半径差值；起点的半径值小于终点的半径值

8. 外圆表面粗车的；背吃刀量，半径值；退刀量，半径值；X 轴方向上的精加工余量，直径值，一般取 0.5mm；Z 轴方向上的精加工余量，一般取 0.05~0.1mm

9. 固定形状的粗车；X 轴方向的总退刀量（半径值），一般取加工轮廓的最大与最小半径差值；Z 轴方向的总退刀量，一般棒料不留退刀量，铸件、锻件取毛坯与加工尺寸在 Z 轴方向的差值

10. 3；左刀尖

11. 进给暂停；非模

二、编程题

1. 在附表 2-1 中，选取工件序号 2 尺寸进行编程，其余略。

参考程序见附表 2-2。

附表　2-2

程序号：O2001		
程序段号	程序内容	说明
N10	G99 G97 G40 M03 S500;	取消刀具补偿，主轴正转，转速为 500r/min
N20	M08;	打开切削液
N30	G00 X65.0 Z2.0;	快速进刀，准备车削 ϕ54mm 的外圆
N40	X54.0;	车削 ϕ54mm 的外圆
N50	G01 Z-38.0 F0.1;	精车 ϕ54mm 的外圆至要求的尺寸，设进给量为 0.1mm/r
N60	X60.0;	移刀
N70	Z-55;	车削 ϕ60mm 的外圆至要求的尺寸
N80	X65.0;	移刀
N90	G00 X65.0 Z2.0;	快速退刀
N100	M30;	程序停止

2. 首先计算附图 2-2 中三处轴径的编程尺寸：

$\phi20$ 的编程尺寸 $=[20+(0+0.06)/2]$mm$=20.03$mm；

$\phi26$ 的编程尺寸 $=[26+(0+0.06)/2]$mm$=26.03$mm；

$\phi32$ 的编程尺寸 $=[32+(0+0.06)/2]$mm$=32.03$mm。

参考程序见附表 2-3。

附表 2-3

程序段号	程序内容	说明
	程序号：O2002	
N10	G40 G97 G99 M03 S300 F0.2;	取消刀具补偿，主轴正转，转速为300r/min，进给量为0.20mm/r
N20	T0101;	用90°偏刀，位于T01刀位
N30	M08;	打开切削液
N40	G42 G00 X35.2 Z2.0;	设置刀具右补偿，快速进刀，准备粗车
N50	G71 U2.0 R0.5;	定义粗车循环，背吃刀量为2.0mm，退刀量为0.5mm
N60	G71 P1 Q2 U0.5 W0.05;	精车路线由P1~Q2（即N70~N150）指定，X轴方向精车余量为0.5mm，Z轴方向精车余量为0.05mm
N70	P1：G00 X0.0 S500;	快速进刀至编程起点（端面轴心），转速为500r/min
N80	G01 Z0.0 F0.15;	车端面，设进给量为0.15mm/r
N90	X20.03;	车削 ϕ20.03mm圆柱面
N100	W-10.0;	刀具行走至要求的长度（10mm）
N110	X26.03 W-30.0;	车削至锥体的大头（ϕ26.03mm锥体），行走长度为30mm
N120	W-10.0;	继续行走10mm，车削两锥体中间的圆柱面
N130	X32.03 W-30.0;	车削至锥体的大头（ϕ32.03mm锥体），行走长度为30mm
N140	W-10.0;	刀具行走至要求的长度（10mm）
N150	Q2：G40.0 G01 X36.0;	取消刀具补偿，直线插补
N160	G70 P1 Q2;	精车循环，路线为P1~Q2
N170	G00 X200.0 Z100.0;	回到换刀点
N180	M30;	程序结束

3. 附图 2-3 零件的参考程序见附表 2-4。

附表 2-4

程序号：O2003		
程序段号	程序内容	说明
N10	G40 G97 G99 M03 S300 F0.2;	取消刀具补偿，主轴正转，转速为300r/min，进给量为0.20mm/r
N20	T0101;	用90°偏刀，位于T01刀位
N30	M08;	打开切削液
N40	G42 G00 X61.0 Z2.0;	设置刀具右补偿，快速进刀，准备粗车
N50	G71 U2.5 R0.5;	定义粗车循环，背吃刀量为2.5mm，退刀量为0.5mm
N60	G71 P1 Q2 U0.5 W0.05;	精车路线由P1~Q2（即N70~N130）指定，X轴方向精车余量为0.5mm，Z轴方向精车余量为0.05mm
N70	P1: G00 X00 S500;	快速进刀至编程起点（端面轴心），转速为500r/min
N80	G01 Z0.0 F0.15;	车端面，设进给量为0.15mm/r
N90	X20.0;	车削φ20.0mm外圆
N100	X40.0 Z-10.0;	车削圆锥面（大头为φ40mm，小头为φ20mm），行走长度为10mm
N110	Z-40.0;	继续行走30mm（距离编程起点40mm）
N120	X60.0 Z-50.0;	车削圆锥面（大头为φ60mm，小头为φ40mm），行走长度为10mm（50mm-30mm-10mm）（距离编程起点50mm）
N130	Q2: G40 G01 X61.0;	取消刀具补偿，退刀
N140	G70 P1 Q2;	精车循环，路线为P1~Q2
N150	G00 X200.0 Z100.0;	回到换刀点
N160	M30;	程序结束

4. 附图2-4零件的参考程序见附表2-5。

附表 2-5

程序号：O2004		
程序段号	程序内容	说明
N10	G40 G97 G99 M03 S300 F0.2;	取消刀具补偿，主轴正转，转速为300r/min，进给量为0.20mm/r
N20	T0101;	用90°偏刀，位于T01刀位
N30	M08;	打开切削液
N40	G42 G00 X40.0 Z2.0;	设置刀具右补偿，快速进刀，准备粗车
N50	G71 U2.5 R0.5;	定义粗车循环，背吃刀量为2.5mm，退刀量为0.5mm

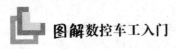
（续）

程序号：O2004		
程序段号	程序内容	说明
N60	G71 P1 Q2 U0.5 W0.05；	精车路线由 P1~Q2（即 N70~N150）指定，X 轴方向精车余量为 0.5mm，Z 轴方向精车余量为 0.05mm
N70	P1：G00 X00 S500；	快速进刀，转速为 500r/min
N80	G01 Z0.0 F0.15；	车端面，设进给量为 0.15mm/r
N90	X18.0；	车倒角（小头为 ϕ18mm）
N100	X20.0 Z-1.0；	车倒角（大头为 ϕ20mm），刀尖距离编程原点 Z 轴方向 1mm
N110	X20.0 Z-20；	车削 ϕ20mm 的圆柱表面至要求的尺寸（20mm）
N120	X28.0；	车倒角（小头为 ϕ28mm）
N130	X30.0 W-1.0；	车倒角（大头为 ϕ30mm）
N140	X30.0 Z-50.0；	车削 ϕ30mm 的圆柱表面至要求的尺寸
N150	Q2：G40 G01 X41.0；	取消刀具补偿，退刀
N160	G70 P1 Q2；	精加工循环，路线为 P1~Q2
N170	G00 X200.0 Z100.0；	回到换刀点
N180	M30；	程序结束

•习题 3•

一、填空题

1. 圆弧按其形状一般分为（   ）圆弧和（   ）圆弧。

2. 在圆弧加工中，G02 表示（   ）方向，G03 表示（   ）方向。

3. 采用圆弧插补指令时，指定圆心位置通常有两种方法，一种是用（   ）指定圆心，另一种是用（   ）指定圆心。

4. 写出两种圆弧插补指令：（   ）和（   ）。

5. 凸圆弧粗加工常采用（   ）法和（   ）法。

6. 凹圆弧粗加工常采用（   ）、（   ）、（   ）和（   ）。

7. 成形面加工中常使用的刀具有（   ）和（   ）。

8. 刀尖半径在成形面加工中会产生（   ）和（   ）现象。

二、问答题

1. 圆弧加工中如何选择 G02、G03 指令？

2. 写出两种圆弧插补指令格式及各代码的含义，并说明其特点。

3. 成形面加工时圆弧形车刀的特点及选用时应注意的问题是什么？

三、编程题

成型面如附图 3-1 所示，零件的材料为 45 钢，毛坯直径为 $\phi48mm$，编写加工程序，要求分粗、精加工。

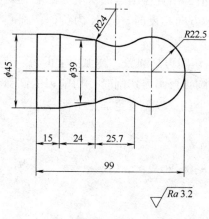

附图 3-1

• 习题 3 参考答案 •

一、填空题

1. 凸；凹

2. 顺时针；逆时针

3. 圆弧半径 R；圆心相对圆弧起点的增量坐标（I，K）

4. G02；G03

5. 车锥；车圆

6. 等径圆弧形式；同心圆弧形式；梯形形式；三角形形式

7. 尖形车刀；圆弧形车刀

8. 过切削；欠切削

二、回答问题

1. 凹圆弧用 G02，凸圆弧用 G03

2. 1）用圆弧半径 R 指定圆心位置，即

$$G02 \ X(U)\_Z(W)\_R\_F\_;$$
$$G03 \ X(U)\_Z(W)\_R\_F\_;$$

2）用 I、K 指定圆心位置，即

$$G02 \ X(U)\_Z(W)\_I\_K\_F\_;$$
$$G03 \ X(U)\_Z(W)\_I\_K\_F\_;$$

其中，X、Z 为圆弧终点的绝对坐标，用直径编程时，X 为实际坐标值的两倍；U、W 为圆弧终点相对于圆弧起点的增量坐标；R 为圆弧半径；I、K 为圆心相对于圆弧起点的增量值，用直径编程时 I 值为圆心相对于圆弧起点的增量值的两倍。当 I、K 与坐标轴方向相反时，I、K 为负值，圆心坐标在圆弧插补时不能省略；F 为进给量。

3. 圆弧形车刀的主切削刃是圆弧，圆弧刃上的每一点都是车刀的刀尖，刀位点在圆弧的圆心上。用圆弧形车刀切削时，切削刃的圆弧半径要小于或等于零件凹形轮廓上的最小曲率半径，以免发生加工干涉。

三、编程题

零件的参考程序如下：

G40 G97 G99 M03 S300 F0.2；

T0101；

M08；

G00 X47.0 Z2.0；

G73 U3 W0 R20；

G73 P1 Q2 U1 W0 F0. 15；
1：G00 X0；
　G01 Z0. 0；
　G03 X39. 0 Z-34. 30 R22. 5；
　G02 X39. 0 Z-60. 0 R24. 0；
　G01 X45. 0 Z-84. 0；
　Z-99. 0；
2：G00 X47. 0；
G73 P1 Q2 S1200 F0. 1；
G00 X200. O Z100. 0；
M30；

• 习题 4 •

一、填空题

1. 螺纹的牙型有（　　　　）、（　　　　）、（　　　　）和（　　　　）等。

2. 普通螺纹的牙型角 α 等于（　　　　）。

3. 理论牙型高度 h_1 是在螺纹牙型上牙顶到牙底之间垂直于螺纹轴线的距离，实际牙型高度 $h_{1实}=$（　　　　）。

4. 车削外螺纹时，需要计算（　　　　　　　　　　　　　　）、（　　　　　　　　　　　　　）、（　　　　　　　　　　　　　）。

5. 车削内螺纹时，需要计算（　　　　　　　　　　　　　）、（　　　　　　　　　　　　　）、（　　　　　　　　　　　　　）。

6. 在实际生产中，螺纹的升速进刀段 δ_1 的值一般取（　　　　　　），减速退刀段 δ_2 的值一般取（　　　　　　）。

7. 螺纹加工时，需要选定的切削用量是（　　　　　　　　　）、（　　　　　　）、（　　　　　　）。

8. 螺纹的螺距 $P=1.5\mathrm{mm}$，螺纹加工的走刀次数为（　　）次，分层切削余量分别为（　　　　）、（　　　　）、（　　　　）、（　　　　）。

9. 螺纹的螺距 $P=2\mathrm{mm}$，螺纹加工的走刀次数为（　　）次，分层切削余量分别为（　　　　）、（　　　　）、（　　　　）、（　　　　）。

10. G32 指令是（　　　　　　　　　　）指令，其格式中的 X 是指（　　　　　　　　　），U 是指（　　　　　　　　　），Z 是指（　　　　　　　　　），W 是指（　　　　　　　　），F 是指（　　　　）。

11. G92 指令是（　　　　　　　　）指令，其格式中的 X 是指（　　　　　　　　），U 是指（　　　　　　　　），Z 是指（　　　　　　　　），W 是指（　　　　　　　），R 是指（　　　　　　　），F 是指（　　　　）。

12. G76 指令是（　　　　　　　　）指令，其格式中 P 地址后的 m 是指（　　　　），r 是指（　　　　　　　），α 是指（　　　　）；Q 地址后的 $\Delta d_{\min}$ 是指（　　　　　　）；R 地址后的 d 是指（　　　　）；i 是指（　　　　）；k 是指（　　　　）；Δd 是指（　　　　　　）；f 是指（　　　　）。

二、计算题

分析附图 4-1，确定外螺纹的加工工艺，材料为 45 钢，尺寸见附表 4-1，计算出以下内容：

1. 实际车削时的外圆柱面的直径 $d_{计}$，螺纹实际小径 $d_{1计}$，螺纹实际牙型高度 $h_{1实}$。

2. 升速进刀段 δ_1 和减速进刀段 δ_2。

3. 螺纹加工走刀次数与分层切削余量 t_1, t_2, $\cdots$, $t_{最后}$。

4. 主轴转速 n 和进给量 f。

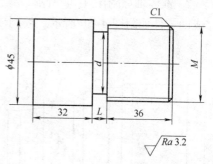

附图 4-1

附表 4-1 （单位：mm）

件号	M	d	L
1	M42×2	$\phi38$	5
2	M36×2	$\phi32$	5
3	M30×1.5	$\phi26$	5
4	M24×1	$\phi22$	4
5	M20×1	$\phi18$	4

三、编程题

1. 阶梯轴如附图 4-2a 所示，零件材料为 45 钢，毛坯尺寸为 $\phi40mm×65mm$，完成的零件，如附图 4-2b 所示。编制该零件的加工程序。

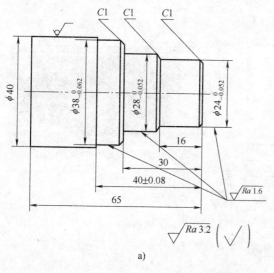

a)

b)

附图 4-2

2. 锥体轴如附图 4-3a 所示，零件材料为 45 钢，毛坯尺寸为 $\phi45mm\times75mm$，完成的零件如附图 4-3b 所示。编制该零件的加工程序。

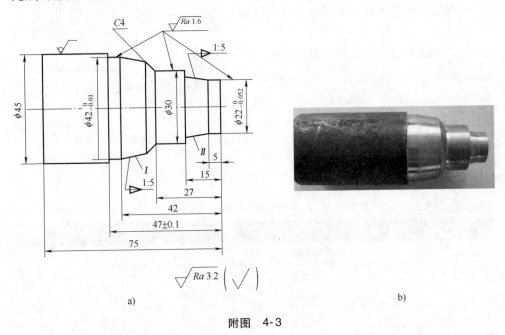

a)   b)

附图 4-3

3. 圆柱与圆锥的结合体如附图 4-4a 所示，零件材料为 45 钢，毛坯尺寸为 $\phi50mm\times110mm$，完成的零件如附图 4-4b 所示。编制该零件的加工程序。

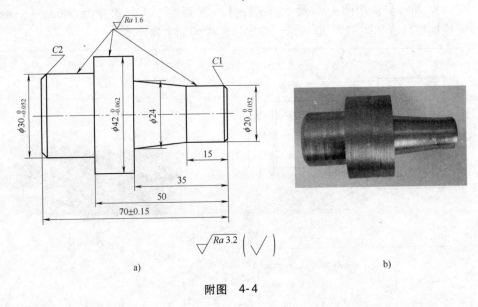

a)   b)

附图 4-4

4. 多台阶轴如附图 4-5a 所示，零件材料为 45 钢，毛坯尺寸为 $\phi50$mm×100mm，完成的零件如附图 4-5b 所示。编制该零件的加工程序。

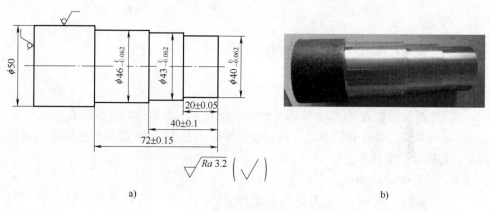

a)　　　　　　　　　　　　　　　　　　　　b)

附图　4-5

5. 带有退刀槽的阶梯轴如附图 4-6a 所示，材料为 45 钢，毛坯尺寸为 $\phi50$mm×110mm，完成的零件如附图 4-6b 所示。编制该零件的加工程序。

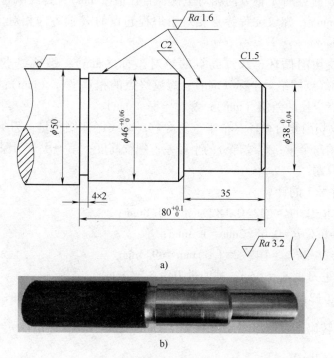

a)

b)

附图　4-6

• 习题 4 参考答案 •

一、填空题

1. 三角形；梯形；锯齿形；矩形

2. $60°$

3. $0.65P$

4. 外圆柱面的直径 $d_{计}$；实际牙型的高度 $h_{1实}$；螺纹的实际小径 $d_{1计}$

5. 内螺纹的底孔直径 $D_{1计}$；内螺纹的实际大径 $D_{计}$；内螺纹的实际牙型高度 $h_{1实}$；内螺纹的小径 D_1

6. $2 \sim 5\text{mm}$；$1 \sim 3\text{mm}$

7. 主轴的转速 n；背吃刀量 a_P；进给量 f

8. 4；0.8mm；0.5mm；0.5mm；0.15mm

9. 5；0.9mm；0.6mm；0.4mm；0.1mm

10. 单行程螺纹切削；螺纹编程终点的 X 轴方向坐标（mm）；螺纹编程终点相对于编程起点的 X 轴方向相对坐标，直径值（mm）；螺纹编程终点的 Z 轴方向坐标（mm）；螺纹编程终点相对于编程起点的 Z 轴方向相对坐标（mm）；螺纹导程（mm）

11. 螺纹切削循环；螺纹终点的绝对坐标（mm）；螺纹终点的相对坐标（mm）；螺纹终点的绝对坐标（mm）；螺纹终点的相对坐标（mm）；圆锥螺纹起点半径与终点半径的差值（mm）；螺纹导程（mm）

12. 螺纹切削复合循环；精车重复次数；螺纹尾部倒角量；刀尖角度；最小车削深度；精车余量；螺纹部分的半径差；螺纹高度；第一次车削深度；螺距

二、计算题

（一）件号 1 的计算

1. $d_{计} = M - 0.1P = (42 - 0.1 \times 2)\text{mm} = 41.8\text{mm}$；

$h_{1实} = 0.65P = 0.65 \times 2\text{mm} = 1.3\text{mm}$；

$d_{1计} = M - 2h_{1实} = (42 - 2 \times 1.3)\text{mm} = 39.4\text{mm}$。

2. 升速进刀段 $\delta_1 = 4\text{mm}$；减速进刀段 $\delta_2 = 2\text{mm}$。

3. 查表 6-2，$t_1 = 0.9\text{mm}$，$t_2 = 0.6\text{mm}$，$t_3 = 0.6\text{mm}$，$t_4 = 0.4\text{mm}$，$t_5 = 0.1\text{mm}$。

4. 主轴转速 $n \leqslant \dfrac{1200}{2} - k = (600 - 80)\text{r/min} = 520\text{r/min}$，一般取 $n = 400\text{r/min}$；

进给量 $f = P = 2\text{mm}$

（二）件号 2 的计算

1. $d_{计} = M - 0.1P = (36 - 0.1 \times 2)\text{mm} = 35.8\text{mm}$；

$h_{1实} = 0.65P = 0.65 \times 2mm = 1.3mm;$

$d_{1计} = M - 2h_{1实} = (36 - 2 \times 1.3)mm = 33.4mm。$

2. 升速进刀段 $\delta_1 = 4mm$；减速进刀段 $\delta_2 = 2mm$

3. 查表 6-2，$t_1 = 0.9mm$，$t_2 = 0.6mm$，$t_3 = 0.6mm$，$t_4 = 0.4mm$，$t_5 = 0.1mm。$

4. 主轴转速 $n \leqslant \dfrac{1200}{2} - k = (600 - 80)r/min = 520r/min$，一般取 $n = 400r/min$；

进给量 $f = P = 2mm。$

（三）件号 3 的计算

1. $d_{计} = M - 0.1P = (30 - 0.1 \times 1.5)mm = 29.85mm;$

$h_{1实} = 0.65P = 0.65 \times 1.5mm = 0.975mm;$

$d_{1计} = M - 2h_{1实} = (30 - 2 \times 0.975)mm = 28.05mm。$

2. 升速进刀段 $\delta_1 = 3mm$；减速进刀段 $\delta_2 = 2mm。$

3. 查表 6-2，$t_1 = 0.8mm$，$t_2 = 0.5mm$，$t_3 = 0.5mm$，$t_4 = 0.15mm。$

4. 主轴转速 $n \leqslant \dfrac{1200}{2} - k = (600 - 80)r/min = 520r/min$，一般取 $n = 400r/min$；

进给量 $f = P = 1.5mm。$

（四）件号 4 的计算

1. $d_{计} = M - 0.1P = (24 - 0.1 \times 1)mm = 23.9mm$

$h_{1实} = 0.65P = 0.65 \times 1mm = 0.65mm$

$d_{1计} = M - 2h_{1实} = (24 - 2 \times 0.65)mm = 22.7mm$

2. 升速进刀段 $\delta_1 = 3mm$；减速进刀段 $\delta_2 = 2mm。$

3. 查表 6-2，$t_1 = 0.7mm$，$t_2 = 0.4mm$，$t_3 = 0.2mm。$

4. 主轴转速 $n \leqslant \dfrac{1200}{2} - k = (600 - 80)r/min = 520r/min$，一般取 $n = 400r/min$；

进给量 $f = P = 1mm。$

（五）件号 5 的计算

1. $d_{计} = M - 0.1P = (20 - 0.1 \times 1)mm = 19.9mm$

$h_{1实} = 0.65P = 0.65 \times 1mm = 0.65mm$

$d_{1计} = M - 2h_{1实} = 20 - 2 \times 0.65 = 18.7mm$

2. 升速进刀段 $\delta_1 = 3mm$；减速进刀段 $\delta_2 = 2mm。$

3. 查表 6-2，$t_1 = 0.7mm$，$t_2 = 0.4mm$，$t_3 = 0.2mm。$

4. 主轴转速 $n \leqslant \dfrac{1200}{2} - k = (600 - 80)r/min = 520r/min$，一般取 $n = 400r/min$；

进给量 $f = P = 1mm。$

三、编程题

1. 阶梯轴编程

1）计算编程尺寸。

编程时取极限尺寸的平均值，由此可得 $\phi38mm$、$\phi28mm$、$\phi24mm$ 外圆的编程尺寸分别为：37.969mm、27.974mm、23.974mm；长度40mm的编程尺寸为40mm。

2）零件的参考程序

附表 4-2

程序号：O4001		
程序段号	程序内容	说明
N10	G40 G97 G99 M03 S600 F0.25;	取消刀具补偿，主轴正转，转速为600r/min，进给量为0.25mm/r
N20	T0101;	换01号刀
N30	M08;	打开切削液
N40	G00 X38.5 Z2.0;	快速进刀，准备车削 $\phi38mm$ 外圆
N50	G01 Z-40.0;	粗车 $\phi38mm$ 外圆
N60	G00 X40.0 Z2.0;	快速退刀
N70	X35.5;	快速进刀，准备粗车 $\phi28mm$ 外圆第一刀
N80	G01 Z-30.0;	粗车 $\phi28mm$ 外圆第一刀
N90	G00 X38.0 Z2.0;	快速进刀
N100	X32.5;	快速进刀，准备粗车 $\phi28mm$ 外圆第二刀
N110	G01 Z-30.0;	粗车 $\phi28mm$ 外圆第二刀
N120	G00 X34.0 Z2.0;	快速退刀
N130	X30.5;	快速进刀，准备粗车 $\phi28mm$ 外圆第三刀
N140	G01 Z-30.0;	粗车 $\phi28mm$ 外圆第三刀
N150	G00 X32.0 Z2.0;	快速退刀
N160	X28.5;	快速进刀，准备粗车 $\phi28mm$ 外圆第四刀
N170	G01 Z-30.0;	粗车 $\phi28mm$ 外圆第四刀
N180	G00 X30.0 Z2.0;	快速退刀
N190	X27.5;	快速进刀，准备粗车 $\phi24mm$ 外圆第一刀
N200	G01 Z-16.0;	粗车 $\phi24mm$ 外圆第一刀
N210	G00 X29.0 Z2.0;	快速退刀
N220	X24.5;	快速进刀，准备粗车 $\phi24mm$ 外圆第二刀

（续）

程序号：O4001		
程序段号	程序内容	说明
N230	G01 Z−16.0;	粗车 ϕ24mm 外圆第二刀
N240	X40.0;	退刀
N250	G00 X200.0 Z100.0;	快速退刀至换刀点
N260	M09;	关闭切削液
N270	M01;	程序选择暂停
N280	T0202;	换精车偏刀
N290	M08 M03 S800 F0.15;	设转速为 800r/min，进给量为 0.15mm/r
N300	G00 X0.0;	快速进刀
N310	G01 Z0.0;	慢速进刀，车右端面
N320	X21.974;	精车右端面
N330	G01 X23.974 Z−1.0;	车右端面倒角
N340	Z−16.0;	精车 ϕ24mm 外圆至尺寸要求
N350	X25.974;	精车 ϕ28mm 端面
N360	X27.974 W−1.0;	车 ϕ28mm 端面倒角
N370	Z−30.0;	精车 ϕ28mm 外圆至尺寸
N380	X35.969;	精车 ϕ38mm 端面
N390	X37.969 W−1.0;	车 ϕ38mm 端面倒角
N400	Z−40.0;	精车 ϕ38mm 外圆至尺寸
N410	X40.0;	精车 ϕ40mm 端面
N420	G00 X200.0 Z100.0;	快速退刀至换刀点
N430	M30;	程序结束

2. 锥体轴编程

1）计算编程尺寸。

ϕ42mm 外圆、ϕ22mm 外圆、长度 47mm 的编程尺寸分别为：41.95mm、21.974mm、47mm。

2）计算锥面尺寸。

锥面 I 的小径 $d_I = 38mm$；

锥面 II 的大径 $D = CL + d_{II} = \left(\dfrac{1}{5} \times 10 + 21.974 \right) mm = 23.974mm。$

3）零件的参考程序见附表 4-3。

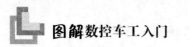

附表 4-3

	程序号：O4002	
程序段号	程序内容	说明
N10	G40 G97 G99 M03 S600 F0.25；	取消刀具补偿，主轴正转，转速为 600r/min，进给量为 0.25mm/r
N20	T0101；	换 01 号刀
N30	M08；	打开切削液
N40	G42 G00 X42.5 Z2.0；	建立刀具右补偿，准备粗车 φ42mm 外圆
N50	G01 Z-47.0；	粗车 φ42mm 外圆
N60	G00 X45.0 Z2.0；	快速退刀
N70	X38.5；	快速进刀，准备粗车锥面
N80	G01 Z-31.0；	粗车 φ38mm 外圆
N90	X42.5 Z42.0；	粗车锥面
N100	G00 Z2.0；	快速退刀
N110	X34.5；	快速进刀，准备粗车 φ30mm 外圆第一刀
N120	G01 Z-27.0；	粗车 φ30mm 外圆第一刀
N130	X38.5 Z-29.0；	粗车 4mm×45°倒角第一刀
N140	G00 Z2.0；	快速退刀
N150	X30.5；	快速进刀，准备粗车 φ30mm 外圆第二刀
N160	G01 Z-27.0；	粗车 φ30mm 外圆第二刀
N170	X38.5 Z-31.0；	粗车 4mm×45°倒角第二刀
N180	G00 Z2.0；	快速退刀
N190	X26.5；	快速进刀，准备粗车 φ22mm 外圆第一刀
N200	G01 Z-15.0；	粗车锥面
N210	G00 X29.0 Z2.0；	快速退刀
N220	X22.5；	快速进刀
N230	G01 Z-5.0；	粗车 φ22mm 外圆第一刀
N240	X24.5 Z-15.0；	粗车锥面
N250	G40 G00 X27.0 Z2.0；	取消刀具补偿，快速退刀
N260	G00 X200.0 Z100.0；	快速退刀至换刀点
N270	M09；	关闭切削液
N280	M01；	程序选择暂停
N290	T0202；	换精车偏刀
N300	M08 M03 S800 F0.15；	主轴正转，转速为 800r/min，进给量为 0.15mm/r

（续）

程序号：O4002		
程序段号	程序内容	说明
N310	G00 X0.0;	快速进刀，准备精车
N320	G42 G01 Z0.0;	建立刀具右补偿，准备精车端面
N330	X21.974;	精车右端面
N340	Z-5.0;	精车 $\phi22$mm 外圆
N350	X23.974 Z-15.0;	精车锥面 II
N360	X30.0;	精车 $\phi30$mm 端面
N370	Z-27.0;	精车 $\phi30$mm 外圆
N380	X38.0 Z-31.0;	车 4mm×45°倒角
N390	X41.95 Z-42.0;	精车锥面 I
N400	Z-47.0;	精车 $\phi42$mm 外圆
N410	X45.0;	精车 $\phi42$mm 端面
N420	G40 G01 X46.0;	取消刀具补偿
N430	G00 X200.0 Z100.0	快速退刀至换刀点
N440	M30;	程序结束

3. 综合轴（圆柱与圆锥的结合体）编程

1）计算编程尺寸。

$\phi42$mm、$\phi30$mm、$\phi20$mm 外圆的编程尺寸分别为 41.969mm、29.974mm、19.974mm。

2）调头装夹后，应在 $\phi30$mm 外圆上垫上纯铜皮，各把刀应重新进行 Z 轴方向对刀。

3）零件的参考程序见附表 4-4 和附表 4-5。

附表 4-4

程序号：O4003		
程序段号	程序内容	说明
N10	G40 G97 G99 M03 S600 F0.25;	取消刀具补偿，主轴正转，转速为600r/min，进给量为 0.25mm/r
N20	T0101;	换 01 号刀
N30	M08;	打开切削液
N40	G00 X45.0 Z2.0;	快速进刀至循环起点
N50	G71 U1.5 R0.5;	定义粗车循环，背吃刀量为 1.5mm，退刀量为 0.5mm

(续)

程序号：O4003		
程序段号	程序内容	说明
N60	G71 P70 Q140 U0.5 W0.05；	精车路线由 N70～N140 指定，X 轴方向精车余量为 0.5mm，Z 轴方向精车余量为 0.05mm
N70	G00 G42 X0.0；	设置刀具右补偿，快速进刀
N80	G01 Z0.0；	精车轮廓
N90	X25.974；	
N100	X29.974 Z-2.0；	
N110	Z-20.0；	
N120	X41.969；	
N130	Z-35.0；	
N140	X45.0；	
N150	G01 G40 X46.0；	取消刀具补偿
N160	G00 X200.0 Z100.0；	快速退刀至换刀点
N170	M09；	关闭切削液
N180	M01；	程序选择暂停
N190	T0202；	换精车偏刀
N200	M03 S800 F0.15；	主轴转速为 800r/min，进给量为 0.15mm/r
N210	M08；	打开切削液
N220	G00 X45.0 Z2.0；	快速进刀至循环起点
N230	G70 P70 Q140；	定义 G70 精车循环，精车外圆表面
N240	G00 X200.0 Z100.0；	快速退刀至换刀点
N250	M30；	程序结束

附表 4-5

程序号：O4004（右端加工程序）		
程序段号	程序内容	说明
N10	G40 G97 G99 M03 S600 F0.25；	取消刀具补偿，主轴正转，转速为 600r/min，进给量为 0.25mm/r
N20	T0101；	换粗车偏刀
N30	M08；	打开切削液
N40	G00 X45.0 Z2.0；	快速进刀至循环起点
N50	G71 U1.5 R0.5；	定义粗车循环，背吃刀量为 1.5mm，退刀量为 0.5mm

（续）

程序段号	程序内容	说明
程序号：O4004（右端加工程序）		
N60	G71 P70 Q140 U0.5 W0.05；	精车路线由 N70~N130 指定，X 轴方向精车余量为 0.5mm，Z 轴方向精车余量为 0.05mm
N70	G00 G42 X0.0；	精车轮廓
N80	G01 Z0.0；	
N90	X25.974；	
N100	X19.974 Z-1.0；	
N110	Z-15.0；	
N120	X24.0 Z-35.0；	
N130	X41.969；	
N140	G01 G40 X46.0；	取消刀具补偿
N150	G00 X200.0 Z100.0；	快速退刀至换刀点
N160	M09 M01；	关闭切削液，程序选择暂停
N170	T0202；	换精车偏刀
N180	M03 S800 F0.15；	主轴正转，转速为 800r/min，进给量为 0.15mm/r
N190	M08；	打开切削液
N200	G00 X45.0 Z2.0；	快速进刀至循环起点
N210	G70 P70 Q140；	定义精车循环，精车各外圆表面
N220	G00 X200.0 Z100.0；	快速退刀至换刀点
N230	M30；	程序结束

4. 多台阶轴编程

零件的参考程序见附表 4-6。

附表 4-6

程序段号	程序内容	说明
程序号：O4005		
N10	G99 G97 G40 G21；	取消刀具补偿，每转进给，米制输入
N20	M03 S600 F0.25；	主轴正转，转速为 600r/min，进给量为 0.25mm/r
N30	T0101；	换 01 号偏刀
N40	M08；	打开切削液
N50	G00 Z2.0；	快速进刀
N60	X41；	进刀

（续）

程序段号	程序内容	说明
	程序号：O4005	
N70	G71 U1.5 R0.5；	定义粗车循环，背吃刀量为 1.5mm，退刀量为 0.5mm
N80	G71 P1 Q2 U0.5 W0.05；	精车路线由 P1～Q2 指定，X 轴方向精车余量为 0.5mm，Z 轴方向精车余量为 0.05mm
N90	P1 G00 X0；	快速进刀
N100	G01 Z0；	进刀
N110	X40；	车 φ40mm 端面
N120	Z-20；	车 φ40mm 外圆
N130	X43；	车 φ43mm 端面
N140	Z-40；	车 φ43mm 外圆
N150	X46；	车 φ46mm 端面
N160	Q2 Z-72；	车 φ46mm 外圆
N170	G71 P1 Q2 S1500 F0.1；	精车轮廓
N180	G00 X100；	快速退刀
N190	Z100；	回到换刀点
N200	M05；	主轴停止
N210	M30	程序结束

5. 阶梯轴（带有退刀槽）编程

零件的参考程序见附表 4-7。

附表 4-7

程序段号	程序内容	说明
	程序号：O4006	
N10	G99 G97 G40 G21；	取消刀具补偿，米制输入
N20	M03 S600 F0.25；	主轴正转，转速为 600r/min，进给量为 0.25mm/r
N30	T0101；	换 01 号刀
N40	M08；	打开切削液
N50	G00 Z2.0；	快速进刀
N60	X51.0；	进刀
N70	G71 U1.5 R0.5；	定义粗车循环，背吃刀量为 1.5mm，退刀量为 0.5mm
N80	G71 P1 Q2 U0.5 F0.25；	粗车路线由 P1～Q2 指定，X 轴方向精车余量为 0.5mm，Z 轴方向精车余量为 0.05mm

（续）

程序号：O4006		
程序段号	程序内容	说明
N90	P1 G00 X0；	进刀
N100	G01 Z0.0；	回到端面中心
N110	X35.0；	车端面
N120	X38.0 Z-1.5；	车倒角
N130	Z-35；	车外圆
N140	X42；	车端面
N150	X46 Z-39；	车倒角
N160	Q2 Z-80；	车全长
N170	G70 P1 Q2 S1500 F0.1；	精车轮廓
N180	G00 X100 Z100；	回到退刀点
N190	M05；	主轴停止
N200	T0102；	换 02 号刀
N210	M03 S400 F0.05；	主轴正转，转速为 400r/min，进给量为 0.05mm/r
N220	G00 X52；	快速进刀
N230	Z-80；	精车外圆
N240	G01 X42；	切退刀槽
N250	X51；	退刀
N260	G00 X100 Z100；	回到换刀点
N270	M05；	主轴停止
N280	M30；	程序结束

参 考 文 献

[1] 高枫，肖卫宁. 数控车削编程与操作训练 [M]. 北京：高等教育出版社，2005.

[2] 周兰. 数控车削编程与加工 [M]. 北京：机械工业出版社，2010.

[3] 唐娟，林红喜. 数控车削编程与操作实训教程 [M]. 上海：上海交通大学出版社，2010.